复旦怪才另类思考 一本刺痛千万奋斗小青年的人生强大之书

苏清涛
SUQINGTAO

作品

如果你

不肯向
这个世界投降

湖南文艺出版社
HUNAN LITERATURE AND ART PUBLISHING HOUSE

博集天卷
CS-BOOKY

图书在版编目（CIP）数据

如果你不肯向这个世界投降 / 苏清涛著. —长沙：湖南文艺出版社，2016.4
ISBN 978-7-5404-7544-4

Ⅰ.①如… Ⅱ.①苏… Ⅲ.①人生哲学—青年读物 Ⅳ.①B821-49

中国版本图书馆CIP数据核字（2016）第061416号

上架建议：畅销 / 励志

RUGUO NI BUKEN XIANG ZHEGE SHIJIE TOUXIANG
如果你不肯向这个世界投降

作　　者：苏清涛
出版人：刘清华
责任编辑：薛　健　刘诗哲
监　　制：于向勇　马占国
策划编辑：岛　岛
营销编辑：刘　健
营销推广：王钰捷
封面设计：仙　境
内文排版：麦莫瑞
出版发行：湖南文艺出版社
　　　　　（长沙市雨花区东二环一段508号　邮编：410014）
网　　址：www.hnwy.net
印　　刷：北京鹏润伟业印刷有限公司
经　　销：新华书店
开　　本：880mm×1230mm　1/32
字　　数：150千字
印　　张：9
版　　次：2016年4月第1版
印　　次：2016年4月第1次印刷
书　　号：ISBN 978-7-5404-7544-4
定　　价：35.00元

质量监督电话：010-59096394
团购电话：010-59320018

成功的人都忙着做自己喜欢做的事，
而 loser 却忙着在吐槽、骂人中浪费生命。

人们可以从苦难中获得财富，
但真正让你获得财富的是你的反省能力，而不是苦难本身。

太浮躁，收获的是失落；
不浮躁，降低期望值，并付出最大的努力，收获的会是惊喜。

被刺痛，并不可怕，
只要认识到问题的症结，就还有改变的可能。

请别人开书单之前，
先确定自己真的读书。

在幸福感比较差的时候，调整心态实际上就相当于自我激励。
对于身处逆境的人来说，自我激励就是心灵自助。

你的青春，是否正徘徊在投降的悬崖边？

畅销书《如果你想过1%的生活》作者　杨奇函

引言：一个人可以被毁灭，但不能被打败。

（海明威《老人与海》）

希腊神话中，最打动人的形象要数普罗米修斯。普罗米修斯从天上盗取了火种给人类，让人类免受饥寒猛兽侵袭。然而，此举激怒了宙斯，宙斯把他捆绑在山上，让鹰终日啄食他的心脏。普罗米修斯不曾投降。比起盗取火种这件事，他的不投降精神或许对人更有意义。只要有这股精神在，总会有人敢冒犯天威，盗取火种。火，可以被施舍，也可以去获得，然而火光照亮的，一个是尊严，一个是奴颜。

《屌丝男士》之前，大鹏是个名副其实的屌丝。北漂，没钱，蚁族，不帅，平庸。没有人会认为他能成明星，何况导演，但是他不服。他从最最普通的网页编辑做起，为了争取每一个镜头，或者节目的每一次点击，他能折腾几天几宿。他在综艺节目中谈到租房的时候，说："我租房只考虑如何距离我的办公室最近，因为这样我永远能成为领导安排任务时第一个到现场的人。"

媒体采访郭德纲，问岳云鹏相关。郭德纲说："岳云鹏刚进德云社那会儿，都没人拿正眼瞧他。"很多人劝郭德纲，说小岳岳这孩子真不是说相声的料。郭德纲说，我就收了，就当给我扫一辈子地我也要了。小岳岳扫了三年地，"擦桌子时候都在练贯口"，当所有人都把他当成清洁工的时候，他不服，不投降，硬生生把相声给说出来了。你说他的相声说得有多好，我不懂，但是这股不投降的劲头，我服。

困难像弹簧，看你降不降。有眼光，有质疑，你上来就说："OK，我服，我退出。"你用生命证明，你的青春匹配得上所有别人倾注在你身上的鄙夷、质疑和奚落。而如果你挺住一会儿，不投降，有一种"四川麻将"的精神，血战到底，哪怕遍体鳞伤，起码驰骋疆场。没有人会奚落一个战伤累累的战士，没有人会歌颂一个贪生怕死的逃兵。同样是给孙子讲故事，战士的故事更动人。战斗过，便不一样。

但是有人会说："不投降，牺牲那么大，心灵鸡汤我不喝。"这里，我想说的是，一方面，我们要看到"勇于坚持"的局限性，比如，在一条错误的道路上越走越远；另一方面，我们也要看到"勇于坚持"的可能性，比如，在一条正确的道路上踌躇不前。遇到敌人，首先想到的不应该是投降；遇到质疑，首先想到的也不应该是放弃。我们反对一切不顾自身局限的盲动，我们也打压一切不顾自身可能性的盲从。

现今很多小伙伴一遇到外界压力，格外擅长妥协和投降，十分稀缺坚持和隐忍。而我想说的是，麻烦来了，别急着跑，挺住一会儿试试；姑娘来了，别一味地胆怯，搭讪一句试试。遇到困难就跑，碰到质疑就撤，想到尴尬就躲，猜到结局就逃，于是乎，美丽青春就在颠沛流离中不断堕落和萎缩；于是乎，我们情不自禁地寻找理由，堂而皇之地放弃理想，斩钉截铁地抛开责任，理直气壮地碌碌无为。

人活一口气。什么气？"三气"。说我不行，那我就行给你看，这叫"骨气"；说我兄弟不行，那我帮他一起行给你看，这叫"局气"；等我和我兄弟都行了，再带着当年指着我们说我不行的你一起变行，这叫"大气"。人这一口气分三个层次，这口气，不好喘，不能咽；这一生，不投降，不憋屈。

记得小时候想考取好大学，一个邻居就像每个人都曾反复遇到过的那些烦人的邻居一样，说，你能考上重本就不错了。然后开始炫耀他家孩子的某名校。我很不爽，于是解析几何再烦也要搞定，最终我考上了清华；后来我想出书，铁哥们说："求求你了，别恶心我。你要能出书我买十本。"后来人民文学出版社给我出了一本书，卖了约十万本，我送了他十本。作为回报，我赠言他不可能年薪七位数。而现在他在一家对冲基金公司，年薪已经七位数了。

《古惑仔》里面山鸡的表哥告诉山鸡："遇到自己喜欢的女孩，开口就会有百分之五十的希望，闭嘴就是零的希望。"万事如此，不闯一闯，试一试，遇到麻烦就投降，怎么会知道自己到底行不行？

马云说："梦想是要有的，万一哪天实现了呢？"

列宁说："鹰有时候飞得比鸡还要低，但是鸡却不能飞得像鹰那样高。"

一直读清涛哥的文章。言辞如刀斧，招招逮人心，攻势凌厉，万剑朝宗。他总是能以最精准的语句切入每个人灵魂深处最不耻的龌龊，让肮脏的鲜血公开流淌；揭露血淋淋的人生，掌掴肉嘟嘟的大脸。如今，他的新书问世了——《如果你不肯向这个世界投降》，刚好给了我以及所有不肯投降的小伙伴一顿精神饕餮大餐。

他用36篇文章告诉我们，一个不肯向这个世界投降的人，是以怎样的姿态和方式面对眼光、舆论、焦虑；这36篇文章还告诉我们，一个不肯向这个世界投降的人，又将面临着怎样的压力、冷酷、无奈；最终，这36篇文章还告诉我们，一个不肯向这个世界投降的人，最终会收获怎样的历练、成长和余韵。

与其说这本书是一部文学作品，毋宁说它是一部战斗檄文。每一个不打算向这个世界投降的朋友，都在向这个世界上的奚落和质疑宣战；每一个不打算向这个世界投降的读者，都在众志成城并肩战斗。

趁年轻，我们且慢投降；正青春，我们理直气壮。这年华，我们英雄一场；这人生，我们潇洒一趟。

最后，以切·格瓦拉的一句话与每一位战友共勉：

"有人说像我们这样的人是理想主义者，总是想着一些不着边际的事情。但我要第一万次地说：是的，我们就是这样的人！"

你只有拒绝"合群"，才能不向这个世界投降

现在是2016年3月17日上午8：30。

今天星期五，但我没有去上班。实际上，我已经连续两天都没有去过办公室。母亲问我为什么不去上班，我说，办公室里噪音污染太严重了，既影响效率，又影响心情，还是在家里办公更清爽一些。

我曾经在一篇文章里提到八年前我刚参加工作时在昆山协羽的办公室里的遭遇："办公室里有一种人，毫无责任心，工作上拈轻怕重，并且往往还都十分浮躁，不仅自己静不下心来做事，而且还耐不住寂寞，像只苍蝇一样到处找办公室里的其他人聊天，但聊的东西又都极为肤浅无聊。那些被"苍蝇"搭上的同事要么自制力不强，要么心太软，出于面子上的考虑，常常会提供'陪聊'服务。这样，办公室里就由一个人的噪音变成了几个人的噪音。结果，其他本来并未参与无趣聊天的人也就跟着遭殃了。"

不幸的是，历史重演了，并且惊人地相似。每次听见他们聊这些东西，我一方面工作效率降低，另一方面心情特别糟糕，让我常常有一种"可怜金玉质，终陷淖泥中"的悲哀。

八年前，我曾对一个朋友说："我觉得，作为员工，如果你确实不能做到对老板完全负责，没有足够的动力做对公司有价值的事情，最起码，你应该做一点对自己有意义的事情。"朋友正好是一个老板，他告诉我，如果他的员工利用上班中的闲暇时间做一些对个人有价值的事情，他是不会有意见的。当时，我想到自己经常在办公室看一些跟工作无关的闲杂书，领导都知道，但他们都对我没什么意见。

平常，我在办公室的时候，基本上一直戴着耳塞。如果噪音实在太大，我就会躲到会议室里去看书。然而，躲到会议室并非长久之计。有时候，我又不得不回到办公桌前处理一些事情。每当这个时候，我就格外痛苦。

于是，"远离那些时间价值为零的人"，成了我多年来一直恪守的原则。

我当然有能力做到"出淤泥而不染"，然而，逃离这个充满"污泥"的环境，才是上策。于是，我决定跳槽了。

也许，在很多人看来，我这种做法显得书生气十足。然而，我想说的是，有时候，书生气是使人免于流俗的最后一道防线。

我的书生气不止表现在这一件事情上。平时，我不感兴趣的人请吃饭，或者有我不感兴趣的人在场，我也是不怎么去的。在很多人看来，这叫"不通人情世故"，错了，我这是"不尊重人情世故"。

我并不介意别人骂我"傲慢""愤青"，相反，我一直高调地宣扬：傲气，往往是才华的一种表现。你只有保持一定程度的"愤青"，才不至于随波逐流。有时候，目中无人只是为了更好地保护自己。

尽管身边有太多有趣可爱的人，但我还是常常悲观地觉察到无趣和缺乏格局才是这个社会的主旋律。王小波说："在人世间有一种庸俗势力的大合唱，谁一旦对它屈服，就永远沉沦了，真是可惜。"对此，我感同身受。你只要稍微不小心，就可能被同化。

作为一个喜欢"装×"的人，我历来坚持不做掉身价的事，也不说掉身价的话。相反，我特别"势利"，跟人交往怀有很强的"功利心"。我特别喜欢"高攀"那些出类拔萃的人，因为他们的能量等级比我高，跟他们在一起，接受他们高能量的辐射，让我感到十分惬意。另外，"谁谁谁跟我是铁哥们儿，他特别欣赏我"这种事，特别适合作为装×的资本。

在此动力下，我越来越有勇气"高攀"一些牛×的人，并有幸跟他们中的不少人成为深交。

我都三十二岁了，虽然尚未"成家"，在很多人眼里就是个loser，但我常常因为孩子气的可爱而格外讨人喜欢，也因为能够一直追求自己想要的生活而被很多朋友羡慕。在他们眼里，我是一个既有趣又可爱的人。然而，在十多年前，我却不是这个样子。我在十几岁、二十出头的时候，反倒像个中年人，活得很沉重。过去几年，一种"少女心"的回归让我变得轻松自如，这基本上是由我所热爱的写作带来的。

以前，别人问我的择偶标准，我说的第一条是"与社会普遍的价值观保持一定距离"，第二条是"能持久充满激情地专注于一件自己喜欢的事情"。这两条标准表面上说的是两件事情，实际上是同一件事情的两个侧面。与社会普遍的价值观保持一定距离，意思是不要有太强的功利心，做一个"自由而无用"的人；持久地专注于一件事情，就是要专注于那一件"自由而无用"的事情。

从我持续地专注于写作、"把写作当性生活"这六年的体验来看，一个人如果有一种愿意为之生也愿意为之死的爱好，是一件幸福之极的事。至于这个爱好能否成为特长，以及造诣有多高，其实并不重要。重要的是，一个人如果能长久地专注于一件"自由而无用"的事情，就变得会特别有格局。

有一次，有个"学渣"对我说："如果玩弄琴棋书画，我永远都不会厌烦。"

我"毒舌"地问了一句："琴棋书画，你会几样？"

她"厚着脸皮"说："一样都不会。虽然我没几样'拿得出手'的技能可资炫耀，但我就是素质高！"

对于她的这种观点，我表示强烈同意。我也没什么才艺，但我也觉得自己素质高。其实，琴棋书画、诗词歌赋都是虚词，只是"自由而无用"的代名词。

也许，唯有"自由而无用"的生活，才能让我们觉得不负此生。

在阅人无数后，我有一个发现：搞文学、艺术和思想的人，最可能做到不向这个世界投降，也最容易做到按自己的意志而活。因为，这些自由而无用的物种，最有能力抵御各种庸俗势力的围剿。他们要么尽量做到出淤泥而不染，要么能及时逃离充满"污泥"的环境，保护好自己。

　　我一直觉得，二十三四岁少男少女的青春和可爱倒并没有特别了不起，因为你无法预测他们在五年后、十年后会变成什么样子。而如果一个人在30岁、35岁时依然活得精彩，活得可爱，那么大致可以断定他这辈子永远可以活得这么精彩可爱。

　　25—30岁正是一个人的转型期（分化期），能不能顺利度过这个阶段，怎样度过这个阶段，基本上会决定他在余生的整体格局。可惜的是，大部分人在这个阶段，无论三观还是精神状态都会迅速贬值，提前进入中老年状态，能够"存活"下来的不过凤毛麟角。

　　为什么说一个人在25—30岁这个阶段很关键？因为大部分25岁的人本科毕业已经三年，或者刚刚硕士毕业参加工作，身上的那层"保护膜"（书生气）减少，逐渐开始向社会上的各种庸俗价值观妥协。能做到不妥协的人，屈指可数。

　　25—30岁这几年，大部分人开始结婚生子，但一方面，这时的感情往往都不再纯洁，另一方面，男人为赚钱养家所困，疲惫不堪，而女人则把心思都放在老公和孩子身上，并且还常常为婆媳矛盾及闺密之间的攀比所烦恼。这样一来，就会导致他们不再读书，不再热爱文艺生活。

　　大部分人都在这个阶段丢掉了自己身上先前曾经有过的理

想主义色彩，最终变成了自己曾经鄙视过的那种人，只有那些内心强大、坚决不向这个世界投降的人，才能最终"幸免"。

半年前，一个大学同学对我说：我们最了不起的，是随着岁月的流逝，当大部分人都向外部世界投降的时候，我们的精神状态却变得越来越好。但其实我们只要做到两点，都能变成这样：一是坚持读书，一是拒绝合群。

最后，借用罗曼·罗兰的一句话来结尾，这也是我的一幅"自画像"：

"世界上只有一种理想主义，那就是认清了生活的真相之后依然热爱生活。"

是为序。

苏清涛

2016.3.17

目　录
Contents

PART *01*

对自己的人生有态度、有格局，
是一种最大的负责

PART *02*

情商高，
就是说话让人舒服

PART *03*

现实很残酷，
你要越来越牛×

PART *04*

如果你不肯向这个世界投降，
你就要强大到锐不可当

对自己的人生有态度、有格局，是一种最大的负责

要做一个有格局的人，最重要的就是要多追求一些"自由而无用"的东西。艺术是有门槛的，而读书则是让人变得有格局的门槛最低、成本也最低的一种方式。

你不是脾气太坏，而是格局太小

"本事不大，脾气却大得不得了。"在我们每个人的工作、学习和生活中，都会遇到这样的人。他可能是你的同事、客户，也可能是你的同学、老师，还可能是你的恋人、配偶。

遇到了麻烦，他第一时间做的不是想办法来解决问题，而是发脾气。有点能耐的，只要发发脾气就有人来替他把问题给解决了；没有能耐的，不管发多大脾气都没什么效果，甚至还可能因为发了一通脾气，使得原先可以轻而易举解决的问题变得十分棘手。

这些脾气暴躁的人，通常都有一个共性：如果是跟一些不能理解或包容自己的亲友发生冲突，尽管百般不情愿、百般委屈，但在经过一番挣扎之后，他们最终还是会选择迁就对方。但倘若是跟个别能理解和体谅自己的人发生冲突，他们绝不轻易让步，而是通过各种无理取闹和坏脾气来迫使对方向自己屈服。对亲密的人很凶，而对那些习惯于伤害自己的人却很柔和，实际上这跟"欺软怕硬"是同一种德行。

这种"劣币驱逐良币"的结果是，久而久之，前一类人有恃无恐，继续通过得寸进尺或"低智商的善良"来伤害他们，而后一类人却渐渐被吓跑、被逼走。再然后，"当事人"继续哀叹着没人能够理解自己，继续痛苦。

此外，一个人如果脾气比较坏，易怒，则他周围的人便都知道他"惹不得""气不得""伤不得"，因而便会在说话做事时十分注意照顾他的情绪。但如果一个人的脾气特别好，别人便会认为他有某种钝感、对伤害有很强的抵抗力，进而会觉得让他受一下伤害也不要紧。

所以，脾气越坏，越容易保护自己免于被伤害，而脾性越好，反而更容易受到伤害。然而，这就会形成一种"反向激励"：那些脾气好的人会发现自己容易吃亏，因此，他们也会朝着坏脾气的方向"转型"。

但这批人的"转型"，会导致原先那批坏脾气者所独享的"福利"被稀释。竞争的结果是，大家的脾气都变得更坏了，但其实谁也没捞着什么好处。

脾气坏，最大的受害者不是你发火的对象，恰恰是你自己。

尤其当你频繁地为同样级别的小事情向同一个人发脾气，以希望他能朝着你所期望的方向做出改变，短期内或许能起到些许效果，但从长期看，失败率会不断接近100%。很明显，缺乏创造性的方法重复运用很多次后，被教训者一方就会对其产生免疫力、抵抗力，而对于发火者来说，则是"边际效用递减"。老师用这种方式教育学生，父母用这种方式教育孩子，女人用这种方式hold（抓住，掌控住）男人，都只会让自己发火的"威慑力"下降。

如那些惯于用很恶劣的态度来对待自己的伴侣的人，他们能够把伴侣逼得只要遇见一个稍微献点殷勤的异性都能产生"相见恨晚"的感觉。这到底是谁的损失呢？

很多惯于"作死"的女人，只要跟男朋友稍微闹点别扭，都会以分手相威胁，但她们压根儿就没有搞清楚，不是每一句"分手"都能换来一次挽留。这种做法，最不理智的地方在于，先断定"他绝对离不了我"，然后再将别人对自己的感情当成向人家示威的筹码。这样的招术偶尔用用倒还可以，但如果用得太多，反而会让被示威的一方意识到"原来我对她的感情都成了我的软肋"，然后，他便会采取措施弥补这一软肋——一旦他在她的逼迫下以实际行动向她证明了"我其实也不是绝对离不了你"，她就再也没有筹码了。

所以，要发展创造性思维，寻找多元化的筹码，不到万不得已，分手这样的筹码别滥用。

当然，从实践来看，那些脾气暴躁、经常对亲近的人发火的人，在发过火之后通常都会后悔、自责、期待和解；反而那些脾气比较好、很少发火的人，一旦真发火了，非但不会后悔，反而会为"我刚才没有发挥好"感到遗憾。

为什么会这样呢？脾气坏的人大多心地单纯，也不记仇，他们的发火跟"激情犯罪"有点像，而后一种人虽然不轻易发火，其实也未必真是因为脾气好，倒更有可能是因为"那些小事不值得我为之生气"，或者是城府太深，他们往往是在"憋了很久"后才会发脾气。

也就是说，脾气坏的人内心并不坏，但他们的外在表现却又像是坏人。这其实也"挺冤的"。不过，他们也不必感到委屈，更不必以"刀子嘴、豆腐心"来为自己辩护——你既然是豆腐心，又何必要用刀子嘴来表达？

记住，恶语永远要比"刀子心"更容易伤人。

去年春节，在老家，我表弟说起村里很多人为了一点家长里短的小事就大动干戈，他问我：为什么有些人动不动就为鸡毛蒜皮大点儿的事情争吵，甚至大打出手？

我说，这其实与道德没有半毛钱关系，甚至跟性情脾气也没有多大关系，而是因为，他们的人生格局太小了。对你这种有追求、人生格局比较大的人来说，别人为之吵得不可开交的那些事，在你人生中的占比不足0.1%，当然是屁事一桩，不值一提；但对于某些人来说，这样一系列的屁事，占据了他们人生的90%甚至全部。所以，在你看来是屁大点的事，但在他们眼里就是天大的事，因此，当然有必要大动干戈了。

与"越是格局小的人，脾气越大"相关的是，越没本事的人，脾气往往越大。

我以前在制造业的工厂待过，经常发现一些生产线上的小领班比董事长的脾气还大；在农村，你会发现一些村支书的脾气比有些高级干部的脾气还大。同样，在企事业单位，有本事的领导，当下属在工作中遇到了困难时，他们会帮着解决；没本事的领导，当下属在工作中遇到了困难求助于他们时，他们只会发脾气。在电影里的黑社会中也是这种情况，真正的大boss（老板）往往都是一副文弱书生样，看起来文质彬彬，而那些脾气暴躁的人充其量只能充当老大手下的一名傻×。（无论在文学作品、影视剧中还是历史上，都是如此。）

总体上，脾气大的主要是这样几类人：没钱的、没文化的、没有崇高追求的、没有性高潮的。你如果不发脾气，尚可掩饰一下自己在人生上的失败；但一发脾气，就把一切都暴露了。

"人的一切痛苦，都是对自己无能的愤怒。"我觉得，王小波这句话说反了。真相应该是，人类的一切愤怒都是对自己无能的痛苦。

因此，**告别坏脾气，最好的办法就是做个有格局、有本事的人。**

说到格局，我忍不住想插入一句：尽管我向来是个不够寂寞的人，但有一次，看到一个姑娘在豆瓣上发的"征恋人"帖，只因为文中提到理想的伴侣要"有格局"，我便产生了一种想要认识一下她的冲动。

我自认为还算得上一个"有格局"的人。

五年前，当我还在上一家公司的时候，一位同事脾气比较暴躁，而我因为是个"书呆子"，特别温和，对于很多在别人看来天大的事，我都是一副满不在乎的样子，因此，我的脾气特别好。

当时，我的领导还对我说："清涛，你这种人，以后是要长寿的。"

我大言不惭地说："我这是已经达到一定境界了。"

当然，我并没有刻意去追求什么境界，更没有打算长寿，我只不过是想安安静静地做一个书呆子罢了。

很多人都瞧不起书呆子，但我们这些书呆子、中文艺之毒太深的人，有一个最大的优点，就是不太会为鸡毛蒜皮般的琐屑之事斤斤计较；巧合的是，动辄为鸡毛蒜皮大动肝火，恰恰也是那些从来不读书，或者虽然也读书但尚未把脑子读坏的人身上的一个最无趣的缺点。所以，在人生格局方面，书呆子以及被黑惨了的"文艺青年"，要胜出那些"二×青年"几十万倍。古代的物质生活条件、医疗卫生条件那么差，但像柏拉图、孔子这些思想家居然都那么长寿，凭的不就是人生格局吗？

没有格局的人，面对一些无趣的事情，比如人际关系中的种种矛盾、与爱人家人之间的冲突，哪怕是屁大点事，他们也喜欢闹大，结果导致自己非常不快乐；但如果涉及一些自由而无用的高贵问题，哪怕是"大题"，他们也只会"小做"，因此根本无法收获乐趣。

相反，有格局的人都是怎么做的呢？我们把两者完全颠倒过来了：面对那些无趣的事情，纵使是"大题"，我们也给它"小做"；如果是思考一些有意思的问题、做自己感兴趣的事情时，我们就肯定会"小题大做"。文学、思想、艺术、科技上的很多突破，或者一个小点子变成创业实践，继而颠覆人们的生活方式，往往就是靠"小题大做"来推动的。

要做一个有格局的人，最重要的就是要多追求一些"自由而无用"的东西。艺术是有门槛的，而读书则是让人变得有格局的门槛最低、成本也最低的一种方式。

所以，不要那么鄙视书呆子，赶快向我们学习学习吧。

❶ 酸葡萄心理？你怎么知道我想吃？

很多次，当我贬低某些东西的价值时，立马就会有人跳出来说："你是吃不到葡萄说葡萄酸！"

每次刚开始时，这些人所表现出的那份对自己智力的自信心总是让我肃然起敬——他又不是我，竟然自认为能洞察我的内心，自认为对我的了解已经超过我对自己的了解，真他妈牛×！

注意，我所佩服的只是他们对自己智力的那份自信心，而非他们的智力。事实上，我越佩服他们的自信心，便越怀疑他们的智力和逻辑；我越怀疑他们的智力和逻辑，便越佩服他们的自信心。

据我的观察，很多人的自信心非但与智力不成正比，反倒有可能呈现出反比：越无知，便越自信；越陶醉于这种建立在无知基础上的自信心，便越容易变得更加无知。

上面一段话说得太过于尖酸刻薄，但请列位看官先勿急着动怒，且听我一一道来。

现在，再从第一段说起：我并不认为我对某事所做的价值判断一定就伟大、光荣、正确，我所贬低的，你也可以褒扬抬高，可以为之辩护，只是你不应该来攻击我的动机——倘若你水平高点能猜对我的动机也还算好，可惜你的这种动机批评总是九猜十错，认为我是"吃不到葡萄才说葡萄酸"。事实上，在通常情况下，我是先不幸地吃过葡萄觉得它酸，然后才说"这葡萄真酸"，继而才不打算继续吃。那些说"你吃不到葡萄就说葡萄酸"的人，纯粹是倒果为因、逻辑彻底混乱，此其愚一也。

当然，我并非每次都是在吃过葡萄之后才说它酸的。俗话说："要知道葡萄的味道，最好能亲自尝一尝。"我在未经亲自体验的情况下做出的判断当然可能是武断的、失之准确的，但出现这种误判的原因仅在于我的水平太差，而非心理缺陷、动机不纯。那些说"你是吃不到葡萄才说葡萄酸"的人，硬要将我智力水平的不足解释成道德缺陷、心理扭曲，此其愚二也。

几乎在任何情况下，我都认为，葡萄只要是甜的，即便我吃不到，也仍然觉得是甜的；并且，我越是想吃而吃不到，便越是可能在想象中夸大它的美味……更要命的是，即便是再甜的葡萄，倘若在短时间内吃了太多，反倒会觉得它是酸的。相反，倘若葡萄本来就是酸的，但我并不知道，我想吃而吃不到，便可能把它想象得无比甜美。此时，任凭有经验的人告诉我真相，我可能也听不进去。那些喜欢说"你是吃不到葡萄才说葡萄酸"的人，自认为能够洞察我对待葡萄的心理，却没看出本段中所表明的"葡萄价值观"，此其愚三也。

那些说我是"吃不到葡萄才说葡萄酸"的人，请问，你是怎么知道我吃不到的？你对我的才能了解多少？在此，我想讲一个也许不太恰当的故事：

2010年3月，在苏州国际博览中心的装备制造业展会上，一位同行（其公司实力尚无资格成为我们的竞争对手）来到我们公司的展位上，拿起我们一款很精致的产品样品，惊讶地问道："这个是你们自己做的？"

我很肯定地说："是的。"

然后，那人以充满怀疑的口气问："这个，你们也能做出来？"

事后，我对一个在场的同事说："有些人，自己很矬、很烂，便认为别人也跟他一样矬，一样烂。当侏儒第一次看见巨人的时候，他的第一反应不是'他真高大'，而是'我的眼睛有没有花'。"同事对我这句话表示高度赞赏。至于我为何要讲这个不恰当的故事，原因就不必说了吧。当然，也许还有一些持"葡萄论"者看不懂，此其愚四也。

我有没有能力吃到葡萄暂且不论，事实上，我自己也不知能不能吃到，因为我根本就没想过要吃葡萄。既然不想吃，又何来"吃不到"之说？请问，你是怎么"知道"我想吃葡萄的？总有些人，自己喜欢什么，便想当然地认为别人也喜欢什么：他自己在备考公务员，便认为别人都想考公务员；他自己羡慕有机会贪污受贿的官吏，便认为别人批评贪官都是嫉妒；他自己幻想一夜暴富，便认为别人都在买彩票；他自己只喜欢胸大无脑的女人，便认为平胸才女都境遇悲惨……我写这段，也是在胡乱揣测别人的心理，倘若有谁认为本段的水平跟"葡萄论"者一样差，我坦然接受。

我还想冒险做个比上段水平更差的推测：有一种葡萄的酸不但是我吃过之后的主观感受，而且也是客观事实和普遍真理，因此我才忍不住说了句"真酸"。

很不巧或很巧，这话被一个已经对这葡萄垂涎很久却得不到的人听见了。本来，他因为吃不到，把这葡萄想象得无限美好，他陶醉在这份葡萄梦的意淫和幻想中。突然间，他听见我说了"这葡萄真酸"，他的黄粱美梦破灭了。他不仅失落和痛苦，而且简直出离愤怒了。于是，他歇斯底里地对我说："你是吃不到葡萄才说葡萄酸。"

欢迎对号入座，谢谢。

可恨之人，必有可怜之处
——从《孔雀东南飞》中的恶婆婆说起

提醒注意：标题别看反了，我写的并不是"可怜之人必有可恨之处"。

周末看了两部越剧——《孔雀东南飞》和《陆游与唐婉》，也顺便补了一点文学和历史知识。有些想法，跟学生时代大相径庭。

这两部剧的感情基调乃至故事情节有很大的相同之处：恶婆婆害死了好媳妇。作为观众，我们有多怜爱那两个好媳妇，便有多厌恶那两个恶婆婆。但除了厌恶和鄙视之外，我更觉得那两个婆婆都活得太悲哀、太可怜。

很多人都说，婆媳矛盾的根源在于婆婆和媳妇共同争夺对一个男人的控制权。但在这两部作品中，我们发现媳妇并没有去争夺，甚至面对另外一个女人的争夺时，她连防御的动作都没有，故而，婆婆所谓的"争夺"其实是一场没有敌人的战争，因为别人懒得跟你争。

媳妇（剧中）为什么不主动去争呢？因为她有趣、可爱，即便不用去争，也照样能得宠。在这种"三角恋"中，她天然占据上风，她是感情上的强势群体，并且，她原本就跟这个男人没有什么瓜葛，现在赢得了男人的心，对这种从无到有，她当然很满足了；而婆婆原本占有了这个男人的百分之百（或者自以为占有了百分之百），现在，自己的猎物正在向别的女人投怀送抱，她当然感到恐惧无比了（越是在竞争中处于弱势的一方越容易吃醋）。

对于婆婆来说，向媳妇发起进攻其实是一种防御、一种自卫。但如果愚蠢的思维得不到纠正，则无论博弈的结果如何，她都会觉得自己"吃亏"了。

无论是焦仲卿的母亲还是陆游的母亲，都是在精神上尚未断奶的女人。在内心里，她们不愿承认儿子已经长大成人，更加不能接受儿子会和另外一个女人来组建他自己的小家庭。偏偏这两部作品都有个共同点：两对小夫妻的感情都特别好，但是小两口的感情越好，就越会让婆婆觉得自己"失宠"。而欺负媳妇便是出于对自己失宠的恐惧的一种发泄方式，正如陆游对唐婉说的，"难想象娘越爱我就越恨你"。

焦母和陆母发动的对儿媳的战争，实际上是一场"安全感保卫战"。不出所料，剧中的焦母这个女人，没什么自己的人生追求，她的人生就是完全以孩子为中心，而为孩子而活本来就是一种灾难的人生。当你把孩子作为唯一的重心时，当然就会格外害怕"失去"他了。（其实绝大多数中国女人——在其他国家怎么样我不知道——在婚后都这样，当然，并不能把责任推给婚姻，因为她们在婚前可能也没有什么追求。）

两位婆婆的罪恶，不在于道德败坏，而在于无趣。

无趣，既是罪恶的，又是可怜的。

几乎一切可恨之人，都有某种智商缺陷、心理疾病、人格缺陷，都有着值得同情的一面。

人性本善，焦母这样的恶婆婆，其实是因为先可怜然后才变恶的。

在《孔雀东南飞》剧中，焦母与兰芝关系的恶化，还与一个长舌妇有关系——就是那个长舌妇挑唆说，兰芝跟焦母"八字相克"，而焦母也正是听到这句话后下定决心命令儿子"休妻"。

什么样的女人最容易成为喜欢搬弄是非的长舌妇？Loser（失败者），活得比较窝囊的女人，尤其是没有精神生活的女人。你见过一个沉醉于写诗、画画、唱戏的女人会喜欢搬弄是非吗？我虽然阅人无数，但确实没见过哪一个精神世界丰富的女人会成为长舌妇。

只有自己活得不快乐的人，才喜欢传递负能量。那些活得爽的人，都只顾着自个儿爽去了，哪来的工夫给你传递负能量？

很多人都会遇到一些喜欢给身边的亲友泼冷水的人。有的人甚至变态到什么程度呢？越是喜欢一个人，便越不会说半句肯定他的话，而是极尽嘲讽挖苦之能事，甚至连对自己的孩子也是这样。但从心理动机上，他们没有任何恶意。何以至此呢？他们从小就缺爱，很少从别人身上得到夸赞，会变得自卑，这种自卑也影响了他们跟别人相处的方式。所以，泼冷水也是一种人格障碍，这样的人在可恶的同时，也是可怜的。

可恨之人，必有可怜之处。在意识到这一点之后，我便开始对一些可恨之人多了一些宽容。

　　一旦学会了宽容（哪怕只是居高临下的、不完全真诚的宽容）恶人，以后当自己再遭遇恶人的时候，你的痛感便会轻一些。

🌑 只有loser才忙着在吐槽和骂人中浪费生命

成功的人都忙着做自己喜欢的事，而loser却忙着在吐槽、骂人中浪费生命。

在看到一个群里的争吵后，一位读者问我："苏老师，如果换作你，怎么看待那些骂你的读者？"

我说："骂我的读者，几乎就没有能理性看待问题的。"

这倒从侧面印证了朋友陈华伟之前的一个剖析：你自称从来不迎合读者口味，写的时候只顾着自己爽，从来不管读者是否喜欢，但客观上，你其实在不经意间迎合了"精英读者"的口味。你那些放诞无忌的观点，常常会遭遇最广大人民群众的一致声讨，但是，在理性程度最高的人群里，却几乎永远都是受欢迎的。

当然，我并不是说能理性看待问题的读者就不骂我，他们也会骂，但骂的语言绝不会是"作者是傻×""楼主，我×你妈"。能理性看待问题的读者，如果不同意我的观点，更擅长按照我的逻辑来讽刺我一下。然后，我一边看他们骂我的话，一边赞不绝口（就像武则天读骆宾王写的《为徐敬业讨武曌檄》时的反应），然后再带着致敬的心情点个"加为好友"。

每次看到有人骂别人骂得没什么水平的时候，我就忍不住好奇想知道"他究竟是哪条道上的""究竟长什么样子"，然后点开主页进去一看，发现并无过人之处，再然后，我就十分佩服自己，真是太富有预见性了。

我的意思是，如果骂人骂得没什么水平，干脆就别骂，否则很容易暴露自己的短板。

再回到开头，继续回答这位读者的问题。

2010年到2011年，在人人网上，为了表示自己是一个有胸怀的人，我一直纵容别人骂我。但因为评论是公开的，如果有一个人骂我，肯定会有五个人站出来反击那个骂我的人，所以根本用不着我亲自出马。

但在接下来的几年里，看到那些压根儿就没有读懂我的文章的意思却急匆匆地跳出来乱骂的人，我就坚决拉黑。

这不是有没有气量的问题，而是我不愿意在这样的人身上浪费时间——他们肯定还会有第二次、第三次。偶尔，我会仁慈一下，放这些人一马。但过几天，他们肯定会又来一条无趣的"评论"。有些人说我不能接受不同意见，是的，我的确懒得搭理那些没有任何营养的"不同意见"。水平不够不是错，但最起码要谦虚，要戒除浮躁。

我来说说我平时看别人的文章是怎么写评论吧。遇到很喜欢的会写评论，写喜欢的理由；遇到虽不是很喜欢但打算跟作者套近乎的，会评论，如果有不认同的地方，我会补充，写自己的理解，为什么不认同；对于陌生人写的文章，如果太烂，绝不评论。我舍不得浪费自己的时间，哪怕一分钟都舍不得浪费。

自己的这种"舍不得浪费"时间，曾经让我纳闷，为什么有那么多人喜欢在自己并不喜欢的人身上浪费时间？后来，我才恍然大悟：也许这些人的时间并没有什么价值，因此也就谈不上什么浪费不浪费了。

什么样的人更喜欢吐槽、喜欢传递负能量？答案是自己过得不好的人、无法专注于做好一件自己喜欢的事情的人。这样的人，无论做怎样的事业，无论身居何位，都属于loser。

我后来对该读者说："骂你的人，大都是不如你的人。"

或者，也可以反过来说，只有那些不如你的人才会骂你，因为比你强的人根本就不屑于骂你，比你强的人都忙着做更有价值的事情，也没有时间来骂你。

买不起房的人总喜欢骂地产商，但地产商却懒得搭理这些人的吐槽，只顾着闷声发大财。从赚钱的角度来看，地产商是对的。在他们看来，这些人的吐槽没有任何价值。地产商比买不起房的人强大太多，他们忙着赚钱，因此没有时间骂后者。

几乎在每个单位都会有下属吐槽领导，但一般来说，领导都不大会在别人面前去吐槽自己的下属。吐槽似乎成了弱者的专利；而无视吐槽，则成了强者的傲慢。

当loser只知道在自己并不喜欢的人和事上面浪费时间、在无意义的吐槽中浪费自己的生命时，那些真正有本事的人却都在专注于做自己喜欢的事情，根本没有心思去应付前者的吐槽。

这也许就是两者的差距吧？所以，少吐槽，多做事。

❸ 辉煌时，傻×认识你；落魄时，你认清傻×

"扪心自问，你之所以反感以貌取人，到底是因为这件事本身不合理，还是因为自己不够美？"一位朋友在他的朋友圈发了这样一句话，我立马感到胸口中了一箭。

是的，我之所以反感以貌取人，主要是因为我不仅颜值低，而且衣服还经常穿得不伦不类。我是"以貌取人"的受害者。

相反，高颜值人群总体上并不介意以貌取人。譬如，我的一个女同学曾大言不惭地说："我恨不得天下所有的人都是

'外貌协会'的呢。"你们见过这么不要脸地自夸的人吗？

但在"强烈共鸣"之后，我又想到一些"反例"：我认识的一些30岁左右，处于众星捧月地位的美女，也开始强烈抵制"以貌取人"了。按说，以貌取人，她们应该是既得利益者啊，可为什么反对呢？因为，她们开始意识到，自己正日渐"变老变丑"，有朝一日，自己终将成为"看脸"的受害者。

对，这只是个毫无新意可言的老生常谈——仅仅因为你的美貌而喜欢你的人，是不靠谱的。

在你风华正茂时，男人认识你；在你年老色衰时，你认清男人。

就我个人来说，按惯例，倘若我突然意识到我喜欢一个女孩子仅仅是因为她漂亮，那么我便会果断放弃。因此，倘若谁长得漂亮，并且我也喜欢你，那么，请你果断相信我——我喜欢你的理由，一定不局限于你的容貌。

跟"以貌取人"相类似的，是中小学教师的"以分取人"。

小学五年级时，我给一个女生的桌兜里放了张字条，没署名，可人家居然把这字条上交给了班主任。不过，我是第一名，班主任"怎么可能怀疑到我头上"？只见班主任把"自入学以来对自己要求不严"的某同学叫上讲台，出示字条，责令他"认罪服法"，那位同学当然没法"承认"了。班主任胜券在握地说："我亲眼看见你写的！"我差点笑出来。

不过，身为一直得宠的第一名，在整个初中和高中阶段，我一直对那些"以分取人"的老师持反感态度，我最尊敬的都是那些能对"差学生"也一视同仁的老师。长大以后，常去家里看望的，也基本都是这些并未因为我是"好学生"而给过我任何特殊待遇的人。对我特别好但对"差生"不好的老师，我却很少去看望。我就是这么"忘恩负义"。

那么，我这个既得利益者为什么会对分数歧视深恶痛绝呢？

也许，在潜意识里，我把自己置身于一种"无知之幕"中，猜想自己有朝一日也可能"沦落"为"差生"——毕竟，名次这玩意儿没有容貌那么稳定。借用一个朋友的话说，今天他因为你的好对你"另眼相待"，就说明他有可能明天也因为你的差而对你"另眼相待"。

的确如此，初三开学前，我在放羊的时候从山上掉了下去，在医院里待了两周时间。返校之后，意外地出现了数学考试不及格、英语名次大幅下滑的问题。尽管我自己认为这只是个小小的意外，但好几个原先视我为"最得意门生"的老师都大胆预测：这娃，脑子摔坏了。从此以后，他们看我的眼神都不一样了。直到我在后面的考试中重新崛起，他们对我的态度才又回到了最初。

确实，仅仅因为你分数高就喜欢你的老师，都是些势利小人、变色龙。

高中还算顺利，但进入大学后，我果然立马成了低分低能的差学生。但幸运的是，并没有任何一个老师因为我是差生就歧视我。

这再次证明了我早年"反分数歧视"这种价值观的预见性。

"以貌取人"下的美女帅哥、"以分取人"下的"好学生"，都算是既得利益者。可是，他们中的某些人居然会反对一个明显对自己有利的评价机制，为什么？因为一切都在变化，一切皆有可能，他们无法保证自己永远都是既得利益者。这个"无法保证"，让他们缺乏安全感。

我还想起一件事：半年前，一个同学代表他所在的公司去北京参加一个国家级的比赛，尽管之前演练了很多次，但他还是缺乏信心。在参赛的前一天，他还发短信向我求安慰："你对我有没有信心？"

结果，赛后他居然拿到了第三名，这个结果完全出乎他自己的预料，以至于大半天没有缓过神来。当然了，公司领导在知道这个结果后比当事人还高兴，不仅发短信祝贺，并且还表示要在内部发大奖。同学感慨地对我说："这世界真是成王败寇，如果没得奖，那一切精力、经济上的付出，就都没人会认了。"

同学的感慨，让我想起一件事。

2012年伦敦奥运会的时候，某国有个举重选手平时成绩很好，该国官员预计他能拿到金牌，提前把他父母接到伦敦的宾馆，将其安顿住下，准备在他获奖之后让他的父母接受媒体采访。结果，比赛那天这个运动员发挥失常，没拿到金牌。散场后，两位老人就直接被扔在宾馆没人管。

我的同学对这件事也有印象，他说大概因为总是觉得自己成为这样的选手的可能性很大，所以每每看到都感同身受，觉得太可怕了。

我不能确定同学所在公司的领导是不是跟那位官员同样的德行，但我敢断定，这样傻×的领导多到不知哪里去了。

仅仅是"单位"提供一个"平台"，你主要凭个人努力取得了某项荣誉的时候，领导们会站出来强调这是"集体智慧的结晶"——其实是含蓄地说"荣誉不光是你个人的，也有领导们的功劳，并且领导们居首功"（既然集体和领导这么重要，怎么不另外安排个人去摘得那项荣誉呢？）；并且，如果你在以前不起眼，这个时候领导们会立马对你"另眼相看"。

而万一你不小心发挥失常了，让他们失望了，他们会认为你对不起他们家的"列祖列宗"。

辉煌时，领导认识你；落魄时，你认清领导。

是的，爱荣誉、好面子，往往是当领导的必要素质之一。

吐槽完集体主义下的领导，接着说上面的事情。

当时，我对那位同学说，其实，对你的这次比赛，我除了担心你可能因为无法发挥出自己的最高水平而难过外，基本上是一副"你拿不拿奖，跟我无关"的冷漠态度。

对，"冷漠"这个词用得绝对恰当。"因为，你拿奖了，我并不会因为评委给了你一个高名次就过分高看你；倘若你没拿名次，在我心目中，你还是原来的那个你。"（说完这句话后，想起以前李剑兰兄曾对我说：你的存在，让我意识到，即使我攻城略地，也照样有人敢嗤之以鼻；但即便战至一人一马，也不必自刎乌江。）

前几年看吴晓波的《大败局》时就有这种感觉——史玉柱的巨人大厦倒下来的时候，批评与反思最激进、最积极的，恰恰是那些以前跟史玉柱"关系最好"、吹捧最积极的媒体。诚然，媒体发现自己原先的吹捧太过头了，这时的反思当然是有必要的；但这种一夜间的"倒戈"，还是让人忍不住"呵呵"。势利不是什么大错，但请不要这么赤裸裸好吗？

那些在你得意时喜欢瞎起哄的人，最容易在你失意的时候落井下石。这是庸众们永恒的本性。

说起庸众的本性，就不得不接着聊聊前面同学提到的"成王败寇"。

通常，当人们使用"成王败寇"这个成语的时候，表达的恰恰是自己对"成王败寇"这种观念的无奈、不满或不屑。总结发现，持"成王败寇"观念的，要么是坏蛋，要么是笨蛋，二者必居其一。这些人，统统都应该被"拉入傻×组"。

我曾写过一篇《只有坏人和庸人才"热爱集体"》，套用这个格式，似乎也可以说：只有坏人和庸人才坚持"成王败寇"。

现在，问题来了：为什么庸人总是喜欢跟坏人结伴而行？

坏人，是庸人上辈子的情人。坏人是肠子坏了，庸人则是脑子坏了；庸人对坏人的爱和信任，是一个"残疾人"对另一个"残疾人"的同病相怜，而坏人对庸人的感情，则是骗子对傻子的利用；坏人负责发明出低端的价值观来对庸人进行洗脑，而庸人负责相信和追随。

庸人爱坏人，就跟品位低下的女人常常爱上渣男，然后又总是被玩弄一样"天经地义"；而坏人爱庸人，是因为只有庸人才可以接受他，这就跟只有那些品位低下的女人才可能接受渣男的玩弄一样"合乎常理"。

这两种人在一起，简直是天作之合。

❸ 不对自己的人生负责，往往会越过越糟

一个经营企业的朋友问我，如何对付那些没有责任心、没有激情、整天无所事事的员工？

我很干脆地说：直接开除，毫不留情地开除。哪怕是有悖法律，不得不付出一点经济补偿，也要开除！

我为何心胸如此狭窄，对无所事事的人如此敌视？因为根据我多年来的经历，这种人往往都十分浮躁，他们不仅自己不能静下心来做事，而且还耐不住寂寞，像苍蝇一样到处"嗡嗡嗡"地找办公室里的其他人聊天，但他们要聊的东西又都极为

肤浅无聊。能忍受被"苍蝇"打扰的人，要么是自制力不强，要么是心太软，要么是出于面子上的考虑，常常会提供"陪聊"服务。这样，办公室里的噪音就由一个人的噪音变成了几个人的噪音。结果，其他本来并未参与无趣聊天的人也就得跟着遭殃了。

开除这样的"苍蝇"，对于公司而言，只不过会损失几千块钱的赔偿金，但如果留着的话，情况会更糟糕：他不仅自己不做事，而且还害得其他人也做不成事，或者极大地降低其他人的工作效率。

2007年年底，我去昆山协羽上班。那时销售部刚成立，我们同一批进了五个人：一个女生、包括我在内的三个刚毕业不久的男生，还有一个三十多岁的男人。由于管理不规范，培训也不到位，所以我们刚去的时候，基本上所有人都比较闲，无事可做。几个年龄小的都比较"老实"，翻看一些业务方面的资料。然而，那个年龄最大的男人却特别外向，整天各种毫无营养的废话几大车，还动不动找机会调戏一下那个小女孩。当然，那个男人最喜欢做的事情是向大伙儿炫耀他的嫖娼心得和约炮心得（当时貌似还没有"约炮"这个词）。我这么道貌岸然、自命清高的人，当然不喜欢听，索性躲到一个离他很远的角落里看书，其他两个男生则似乎听得津津有味。

有一次，我实在受不了这个人，就义正词严地骂了他一顿。然而，他以无比轻蔑的口吻回复了我一句："说这些大道理谁不会啊？！"直到多年后的今天，我才明白，有的人之所以特别反感大道理，并不是因为大道理无用，而是因为他自己做不到，大道理伤了他的自尊心。

再到后来，我连骂这只"苍蝇"的心思都没有了，因为我觉得跟这么没层次的人说话简直太掉价了。与此同时，我还有一股深深的耻辱感：我竟然沦落到跟这种层次的人一起共事的地步了。

当然，这种人不用我向他宣战，自然会有人收拾。入职还不到一个月，他就被开除了，因为上班的时候在电脑上玩"斗地主"被老板发现。虽然我认为那个老板的经营管理能力很一般，但对他开除垃圾员工的魄力，我无比佩服。我的意思，当然不是说上班时间玩"斗地主"的人就统统该死，累了适当地放松一下也是可以理解的。关键是，有的人把所有的工作时间都拿来做这种无价值的事情。敢情老板花钱雇佣你，是让你来"斗地主"的？

一个三十多岁、有了老婆和孩子的男人，找一份工作并不容易，可他在试用期里就被人家开除了，不知道他自己有没有感到羞耻。或许，有的人会同情他，但我觉得他这是咎由自取。我只是有点同情他的老婆、孩子。

写到这里，我想起几年前看到复旦附中一位高二女生的一篇文章《什么是社会底层》，其中有一部分是这样写的：

底层，就是不会思考的人，倒不在于社会福利如何、有没有钱，你有知识，会思考了，你就不是底层人民了。

成天大鱼大肉，喝完小酒，唱完小曲，回家睡觉，第二天起来，公司出事了，没关系，手下有的是人，打发他们去办就可以了。靠着先辈的祖坟，坐吃山空。

成天游手好闲，没有文化，只会干些偷鸡摸狗的事情。被抓起来了，没关系，小偷小摸，五年后，老子还是一把好扒手！

成天尽说些歪门邪道的东西，东家长西家短，淘宝、微博随便逛的"干女儿"们。

成天安于现状，不谋求发展的。跷着二郎腿，却怎么也不肯去拿本书看看的。

　　这个列举不是很完整，我再加一类：对工作和生活毫无激情，只知道抱怨现状不好，牢骚满腹，只知道羡慕别人收入高、生活好，而自己却不去努力的人。

　　简言之：**不对自己的人生负责，往往会越过越糟。**

　　现在，再回到上文。在"苍蝇"被开除之后，我跟住在一起的同学聊这件事："我觉得，作为员工，如果你确实不想对老板负责，没有动力做对公司有价值的事情，最起码，你应该做一点对自己有意义的事情啊。"那位同学，正好也是一个老板，他告诉我，如果他的员工利用上班闲暇时间做一些对个人有价值的事情，他是不会有意见的。当时，我就想到，那时，我经常在办公室看一些跟工作无关的闲杂书，我们总经理和副总都知道，但他们都对我没啥意见。

　　再老实本分的员工，也有利己的本能。因此，对老板负责就成了一件十分奢侈的事。我敢厚着脸皮说，在职业道德方面，我绝对超过了百分之九十的员工。比如，从来没有过拖延症；对个人能力范围内的事从不拈轻怕重；会换位思考，替老板操心，等等。但连我这么"优秀"的员工，在2010年以来的这几年里，几乎有超过三分之一的上班时间都在干私活。我想为自己这种自利行为辩护的是：诚然，我未能做到百分之百地对老板负责，但我最起码做到了百分之百地对自己负责。跟绝大多数人相比，我已经算做得很不错了。

从2009年6月到2010年6月，在做销售的第一年里，在苏州工业园湖东邻里中心的一间屋子里，我每天打电话的那股勤奋劲儿，就跟电影《当幸福来敲门》中正在争取实习生机会的Chris差不多。

为了保证白天的时间全部用来给准客户打电话，我都是在晚上查资料、整理名单。到了白天，除了午休、午饭前半小时、下班前半小时之外，其他所有的时间，我全部都在打电话。但从2010年下半年开始，温饱问题解决了，我对工作本身就没有那么卖力了。在办公室，基本上有一半时间我都在电脑上看书、写博客、跟有水平的人聊天。对我这种行为，我的直接领导知道，老板也知道，但他们也没拿我怎么着。甚至，有次吃饭聊起什么八卦，老板还开玩笑说："清涛可以在博客上评论一下。"

我的同事和老板为什么会如此纵容我呢？因为尽管我上班干了私活，但我对工作的尽责程度还是高于员工的平均水平。

我经常发现，根本就不应该让那些"苍蝇"闲下来。他们一旦闲下来，就会特别无聊，然后嗡嗡乱叫，让别人也干不成事。可是，我从来就没有时间无聊。无聊，对于我来说是奢侈品。来杂志社上班之后，有好几次吃饭的时候，大boss都说，他平时来办公室的时候，我从不跟他打招呼。这话并没有任何批评之意，他的意思是，其他人看见领导来了都会站起来打招呼，而我还沉醉于自己的小世界。

我不去主动跟领导打招呼，并非不礼貌或者不尊重人家，只是我在全神贯注地做自己的事情，或者查资料、写工作稿件，或者写我自媒体上的文章，压根儿就没有注意到领导的到来。既然没有觉察到领导的到来，那我的不打招呼，当然就是无罪的了。能像我这么专注地思考人生的人确实不多，因此，我这个"不礼貌"就有一种特殊的积极意义。反正，如果我是老板，我更喜欢踏踏实实地做事情的人，而不是积极地跟我打招呼但不做事的人。（我当然不是说跟领导打招呼积极的人都没有做事，我的意思是，那些对工作无激情的人，在人情世故方面肯定比我这种书呆子要强得多。）

几个月前，有一次，领导说我花在微信公众账号上的时间比花在工作上的时间都多（我常用上班时间做自己的公众号，这是事实，不过，如果说比花在工作上的时间还多，那倒是过于夸张了。公众号上的鸡汤文，我3—5个小时可以写一篇；但杂志上的稿子，基本上是三天才能写完一篇。算下来，每个月在公众号上推送的十篇文章，耗时差不多三个工作日；而杂志上的三篇稿件，耗时十个工作日，还不算编辑的栏目）。我并未辩解说自己从未利用工作时间干私活，而是说："但我工作的稿件，也是比任何人都写得多啊。"

这不是吹牛，这是一个任何人都无法否认的事实（尽管水平不怎样）。

也就是说，一方面，我在上班时间干的私活比任何人都多，另一方面，我的"正业"也干得比任何人都多——我会在周末或晚上写工作稿件。

怎么会这样？难道是我能力比别人强、工作效率比别人高吗？不是，每个人都会在上班时间开小差，甚至连领导自己也无法例外。但有的人开小差，是上淘宝，看球赛，或者跟别人聊一些浅层八卦，而我开小差，是在"做一份事业"。也就是说，在某些时间段，我尽管没有做对领导负责的事情，但我做的最起码是对自己有意义的事情。这一点，开明的领导都是能够尊重的。我上班的时候，领导会突然出现在我身后问一句："有没有上色情网站？"但他之所以会开这个玩笑，恰恰是因为他断定我没看。

其实，我在自媒体上的经验对工作有太多的间接帮助。比如，写鸡汤文让我的逻辑思维能力超强，这一点在写工作稿的时候也很有用。此外，经常要采访某个人，找不到其联系方式，但由于我积累了一个粉丝群体，只要在朋友圈一询问，不到半小时，就会有粉丝提供给我；甚至某些采访资料的收集，我也可以直接在朋友圈完成。

说这些不是为了自吹自擂，只是想再次强调前面的观点：如果没有激情做好本职工作，你最起码要做一些对自己有意义的事情；如果不能做到对老板负责，最起码要对自己的人生负责。

🄃 不是我太偏激，而是你太中庸

四五年前，当我刚开始在网络上写东西的时候，因为害怕别人说我偏激，我经常会在一些犀利的句子后面加个括号，来一长段注释，以示我看问题是全面公正的、一分为二的。

但这样一来，就会有两个效果：前面的犀利打了折扣，也显得自己底气不足；啰里啰唆的，以至于不少同学批评我，"括号里加的全都些是废话，你真是严重低估了读者的理解能力，即便你不加那些解释，绝大部分读者照样理解你的真实意思"。

这样的反对意见，我只是部分同意。为什么不能完全同意呢？因为提这种意见的同学都是理解能力比较强的人。我不加那些在他们看来是废话的注释，他们能理解，但那些理解能力差的人却未必能够理解。不过，被批评次数多了，我便明白了一点：如果要留住这些VIP读者，让他们有良好的阅读体验，我就必须不断地提高自己的格调；而提高格调的一种方式，就是必须抛弃那些理解能力比较差的读者（这就像奢侈品必须抛弃一部分缺乏支付能力的消费者一样）。

　　于是，演变到今天，我的文章中很少再出现向读者告白"你看，我不偏激"那样啰唆的注释了。结果，不出所料，我经常因此而被骂为"你太偏激了""你个傻×"，温和一点的会说"你这样看是不全面的"，然后再吧啦吧啦一大堆正确的废话。只是，这些人好像从来没有注意到我在那些被他们定性为"偏激"的句子中加了很多程度副词。

　　有一次，小伙伴G看见有人在我文末评论说"你太偏激了"，他就愤怒地建议我："赶快把那两个说你偏激的人给我拉黑了！"这倒不是因为他不能接受不同意见，而是如他所说"不愿意跟智商太低的人打交道，压抑。"

　　其实很多想法如果不表述得偏激一点便显得枯燥乏味，没多大意思。并且，如果你力求客观公正，说得不偏激，它便不足以刺到某些人的痛处，因而也就不能引起重视——我们往往只有在受到伤害的时候才开始觉醒。在某些情况下，偏激还会加强幽默感；此时若我们还仅认为那是偏激，那就是缺乏幽默感。

偏激，在很大程度上是一种策略。

偏激的实质，就是矫枉过正。但往往矫枉必须过正，因为人们在接受一种与自己原先理解不同的观点时，会自觉或不自觉地打折扣。也就是说，如果我表达出来的偏激是十分，但别人读过后最多只接受五六分。因此，大多数明眼人能看出来的"偏激"，并不存在危害性——你既然已经看出来这是偏激了，就意味着你自己并不会被误导；如果你还断定其他人会被误导，这就表明你对其他人有智力上的歧视——难道你能看得懂的东西，别人都看不懂吗？

G说，"文章不偏激，则没有价值"，然也。那些喜欢指责别人"你太偏激了"的人，似乎从来不曾明白，不偏激的部分基本上就是被省略掉的废话和常识。

后来，有朋友对我说，他一直认为"偏激"是个褒义词，有态度才会偏激。是啊。可惜，太多太多的人都被半桶水的"辩证法"给搞坏了脑子，一点立场都没有。

　　试图面面俱到的"理中客"（理性、中立、客观），往往让人很反感——试图谁也不得罪，结果，说出来的都是些没有意义的话，反而是那些比较偏激、片面的观点，显得有趣，能够让人眼前一亮、印象深刻。偏激或片面，是"理中客"过滤了废话的产物；"理中客"，是添加了废话的偏激。

　　如果只是因为怕被指责为"偏激"便硬生生地加进去一些无聊的废话，使其显得"理中客"，那便有低估读者智商之嫌。在正常情况下，对那些必要的偏激，读者都会主动打折扣，至于被你省去的那些没有多少分量的"理中客"，读者也会自动脑补。对那些明显偏激的东西、作者明知故犯的偏激，如果有人还像发现了真理一样指责说"太偏激了"，那显然他既低估了作者，也低估了其他读者。我之所以很少指责别人偏激，就是因为不敢轻易低估别人。

　　我们常会用"你太钻牛角尖了"或"你太偏激了"这样的话来评价别人，可是究竟怎样做才不算过分呢？那个所谓的"合理限度"，其标准是什么呢？我们总拿着一系列的"太"字来为别人定性，这是不是意味着在潜意识中，我们认为那个"适度"的标准就掌握在自己手里呢？

　　明明别人是在用娱乐化的方式，用戏谑的口气调侃一件事情，偏偏会有人硬要用一种四平八稳、一本正经的方式来"纠正"或反驳。有时候，较真并不是认真，而是意味着无趣和缺乏幽默感。

一个有趣的坏人往往能引起我的关注，而一个无趣的好人往往让我敬而远之。

"偏激"的人，大多"三观不正"。可G曾经说过："三观太正的人，只配做编辑，当不了作家。"自此以后，我再也不敢骂他三观不正了。

我曾在一篇文章里提到："人文素养差的人，往往更容易流俗。"倘若反过来说"人文素养越好的人，越容易'三观不正'"，似乎也是成立的。但并不能改成"三观不正的人全都人文素养好"。

君不见，大思想家、艺术家、文学家，通常都三观不正？

知乎上曾经有个提问："跟聪明人相处是一种怎样的感觉？"

最佳答案是："你的三观时时刻刻都在被颠覆，然后重建。"

一位朋友说她很喜欢这个答案，我反问她："你起初接触到我的文章《嫁给不靠谱的男人，是最伟大的理想主义实践》

和《越是有价值的媳妇，娶起来越便宜，持有成本越低》，就是三观先毁掉然后再重建吧？"她欣然承认。

谁如果因为我上面的一段话就骂我"自恋"，强烈建议你把我拉黑。我是恋我自己，又不是恋你的梦中情人，你有什么资格不满意？

经常有朋友对我说，你的公众号"扯淡不二"这个名字很意味深长啊，我就说当时取这个名字的初衷：我率先向那些喜欢较真的人宣布，我就是在扯淡，你就别来跟我较真了；认真，你就无趣了。

PART 02

情商高，
就是说话让人舒服

夸奖别人，总是一件令自己感到愉快的事情，正如同骂别人常常让自己的火气更大、心情更糟糕。因此，不妨多在你身边的亲友身上寻找优点，尽量多夸赞他们，夸得稍微过分一点也没有关系。

❸ 情商高，就是说话让人舒服

早晨赖床的时候看到一个朋友的文章《拐着弯儿夸人，你还不如不夸！》，我只能说，太有共鸣了。

共鸣完了之后，我先打开聊天窗口，对作者"放出狠话"：这文章，我是绝对不会分享的！我要留着自己转发。

狠话放完之后，就把作者狠狠地夸了一顿。作者也投桃报李地"回敬"了我一句：苏老师，你真是太会夸奖人了。我准备写一个"如何夸人"系列，你就是最好的正面案例！

我果真会夸人吗？多年来，我留给周围人的印象都是"冷漠""不解风情""榆木疙瘩""书呆子"。不过，我总结了一下：我对自己喜欢的、欣赏的、尊敬的、崇拜的人说话时，总是风情万种、谄媚无比；我对想勾搭的女人说话时表现得很肉麻，对想勾搭的男人说话表现得更肉麻。

然后，我恍然大悟：男人说我不解风情，是因为我的品位没他们低；女人说我不解风情，其实是因为她们自己还不够有风情。

最具风情的"粉条儿"常常对我说："你是一个能够给予我力量的男人。"

她原本是个不太自信的人，但在跟我相处的过程中，她却越来越自我感觉良好，甚至是觉得"再也没有人能够配得上我了"。究其原因，则是："你极善于发现我身上每一个细微的亮点并紧抓不放，对它进行吹捧。多年来，我自己也一直在被吹捧。"

确实如此。多年来，我自己也一直在被"粉条儿"、李剑兰、占国等人吹捧，我深知这种吹捧的价值。并且，夸奖别人的时候，我自己心里也会特别爽。

在我们的生活中，常常会遇到这样一些人：他们总喜欢给别人泼冷水，或鸡蛋里挑骨头，吹毛求疵，提一些毫无趣味、毫无建设性的意见，然后再傻不拉唧地说一句："我这人说话很直，你千万别往心里去。"

　　但这样的人以为只要来一句"我很直"就可以为自己的低情商开脱了吗？难道那些情商高的人都是"弯的"？对这样的人，我想说一句：我一定会往心里去的！

　　老盯着别人的缺点看，对自己并没什么好处，只能让自己更自卑。前些年，我总能轻而易举地从别人身上发现缺点，结果自己一直很自卑；这几年，我对别人吹毛求疵的功力有所下降，但发现美、夸奖别人、激励人的能力却突飞猛进（以至于有两个跟我互不相识的人在不同的场合说我说话的口气像讲成功学——无贬义），结果，我也对人生更加乐观了，对自己更加有信心了。

　　夸奖别人，总是一件令自己感到愉快的事情，正如同骂别人常常让自己的火气更大、心情更糟糕。因此，不妨多在你身边的亲友身上寻找优点，尽量多夸赞他们，夸得稍微过分一点也没有关系。在把夸奖之词说出来之前，你就已经得到了回报。夸赞人，是一件既利他又利己的事情。

　　我还发现，在与一个小孩子（或恋人、带有孩子气的朋友等）相处的过程中，如果他能感觉到自己某种不经意的行为或特质在你眼里显得很可爱、很有灵性，他便会有意无意地将你所流露出的这种感情当作衡量自己其他一些行为的"标准"。这样一来，他在你眼里就会变得越来越可爱，越来越富有灵性。

我们常常说到所谓的"正能量"，其实很简单，夸赞别人或者在不经意间流露出一种喜爱之情，这就是一种很了不起的正能量。一位朋友有一句更经典的概括：夸一个人身上不那么明显的品质，或者是凭空捏造出一个优点来夸奖他，要比强行要求他具备这种品质更管用。

夸奖，是需要充满感情的。而那些自以为很理智、很聪明的人，恰恰很容易在这样的问题上栽跟头。

当别人正陶醉于自己的一个小幸福中时，你不要自以为是地去"旁观者清"，然后以你自以为是的理性告诉他，他本不应该那么幸福。比如，人家刚买了个自己很喜欢的小玩意儿，然后你去告诉他"你买贵了""你被宰了"，让别人的幸福感顷刻之间化为乌有；人家刚交了个男朋友，正陶醉于两人的小幸福中时，你傻兮兮地去说"你俩不合适，不能长久"；人家刚找了份自己很满意的工作，希望得到你的祝贺，你却说，以你的能力，如果去另外一个单位的话，薪水要高得多。

你以为你很理智，但人家只会认为你是个傻×而已。你的这种理智和较真，只会毁掉生活中的一切趣味和美。从生活经验来看，人文素养差的人更容易犯这种毛病。

如果说少泼冷水多夸赞是情商的最低要求的话，那么，如何让自己的"好心"不被别人厌恶，则是一个更高的要求。

像被列为春节经典命题之一的七大姑、八大姨催婚，她们当然是出于百分之百的好心，可为什么遭人反感？其关键在于那些"好心人"的情商往往都太低了。很多过于积极主动地给别人介绍对象的人，也属于低情商一族。

低情商者们充满善意地去做一件"好事"，却让别人很不舒服、很不领情，甚至对他们极度反感，这就是典型的吃力不讨好。但真正"不识好歹"的人，却并非那些被指责为"不识好歹"的人，而恰恰是低情商者自己——说话做事不识趣，缺乏"通感"，不会换位思考。

低情商者们应该明白，他们的善意一旦以一种错误的甚至愚蠢的方式表达出来，它对被关心者所造成的伤害就会超过一切恶意，如果伤害是由恶意造成的，别人还可以选择躲避、反抗或报复；然而，倘若伤害是由错误的善意造成的，受害者非但难以躲避、不能反抗，并且一旦他们对你的那种善行稍具微词，他们便可能被指责为"不识好歹""忘恩负义"，于是，他们不得不一方面承受着伤害，另一方面表现出一副感激涕零的样子："谢谢你来伤害我。"在这个问题上，低情商者们真可谓罪莫大焉。

不会说话的人，往往比不会做事的人更不受欢迎。会说话的人，即便不会做事，也可以让别人开开心心地替他把事做了；但不会说话的人则是，即使他热切地关心别人的事，甚至替别人做事，也往往吃力不讨好。然后，他再埋怨对方不识好歹，却从不反思是不是自己情商太低。

我们这个社会最迫切需要的那种情商，并不是如何通过人情练达和抗挫折能力来取得所谓的"成功"，而是说话做事考虑别人的感受，尤其要尽量避免以错误的善良或愚蠢的善良去伤害别人，在遭到反击后还总是感到很委屈。

我平时很少说话，即便在网络上，对于很多人说的话，我也不想回复。主要原因是，简直有太多人不会说话，让我感到特别累、特别不舒服。

会说话，是一个人受别人欢迎的开始。如果你还不会说话，有空就多读读书，做一个"安静的书呆子"。切忌无话找话——无话找话的时候，说出来的大多是不得要领的平庸的话，这些东西无法成为社交的润滑剂；相反，能让你的社交变得更加糟糕。

附▶ 八卦，是对情商的考验

在我们的日常生活中，总会遇到一些喜欢八卦的人。泛泛地说，八卦是人际关系的润滑剂，使人与人之间的交流更加顺畅、轻松。

但问题并非这么简单，八卦其实是有特别讲究的。

好的、及时的八卦，能让人翘首以待，让人的幸福感翻番，对你感恩戴德；而差的八卦，则让人对你反感倍之。

比如，一个人通过相亲而结婚，一般来说，你去八卦他跟另一半的关系，这就是不合时宜的。为什么？因为通常一个人选择去相亲，本身已经"心已沧桑"爱无力，极有可能对另一半没有多少激情，这个时候，你去八卦会显得很不识趣，甚至不近人情。

八卦，是一门技术活。

面对有关自己的八卦和绯闻，我们通常会有两种截然不同的态度：

__1

如果我们对卷入八卦和绯闻的另一主角并无特殊感情甚至还有点厌烦，那么，我们对这种无聊的八卦就会非常反感，甚至深恶痛绝。

这教导我们：每次八卦前需要认真调查主角双方对对方的真实感觉，如果你不打算让任何一方厌烦的话。

__2

如果我们本来就希望能与绯闻的另一主角之间能够扯上什么关系或者已经在暗恋她（他），这时我们对旁人的八卦绝少反感。我们虽然口头上"抗议"，实则内心窃喜，希望继续被八卦，我们甚至陶醉于这样的绯闻中，因为我们假装认为这绯闻就是现实。这样的八卦，其实就是最好的祝福。（我曾经在给某人的短信中说：谢谢你给我的朋友们提供了八卦我的素材。）如果这时候原先很八卦的人突然停止八卦了，我们会非常失望。

这教导我们：如果当事主角希望有人八卦他（她），制造绯闻，这个时候你却不八卦，那是很不够朋友的。

3 情商高的人，都是怎样"让人舒服"的

《情商高，就是说话让人舒服》写完之后，觉得内容太单薄，没有实例来说明"该怎样说话才能让人舒服"，因此并不十分满意。但想不到的是，就这篇连我自己都不满意的文章，竟意外受到热捧。

这篇文章之所以受欢迎，跟它写得好不好并没有多大关系，关键是"情商"这个话题切中了大多数人的痛点。情商高的人，不能忍受情商低的人；情商低的人，互相不能忍受彼此，并且也不能容忍自己的不会说话再继续下去。

在过去的几个月里，有不少人呼吁我再写一篇文章来举例说说那些高情商的人都是怎样说话的。于是，就有了这篇文章。我在这里举的例子，绝大多数是身边亲友的例子，也有我自己的例子，还有个别名人的例子。

__1

我是个不修边幅的人，平时很少刮胡子。终于有一天，一位女同事无法忍受我"猥琐"的外表，对我说："你需要出一次差了。"

我问她为什么，她说："因为你只有出差的时候才会刮胡子。"

在这个案例中，她并没有直接表达"你需要刮胡子了"这个意思，而是我自己"问出来的"。这样，我也没有理由不高兴。试想，假如她直接粗暴地建议我"你该刮胡子了"，那么，我的反应必然是：我又不是你男人，我刮不刮胡子，你管得着吗？

或许，她说这句话的时候只是自然而然的，并没有刻意讲究什么技巧，但这种"不刻意"，也许就是传说中的"随心所欲不逾矩"吧。

＿2

有一次，一个很久没见的朋友请我吃饭，其间她对我说："现在着装风格变化了啊？我印象中，上次见你的时候，你穿的衣服、手里提的包，让你看起来像个县级干部。"

其实，她的真实意思是：你以前好土。

其实，我现在依然土。当然了，她以这种方式说我以前太土，非但没有刺痛我的"玻璃心"，反而让我格外欣赏她说话的艺术。再说，那些有水平的人有权伤害别人，就算被他们伤害一下又能怎样？

＿3

大一时跟一个同学打乒乓球，打完之后，在回去的路上，他感慨地说："清涛啊，看来，以后打球就要跟你打。"

我明知他是什么意思，但假装不解地问："为什么要跟我打？"

他优雅地回答道："因为你比较有潜力啊。"

然后，我也优雅地回答："永远有潜力，可不是一件好事情啊。"

其实，他的意思是：你打得实在太烂了，跟你打球可以增加自信。我的意思是：有潜力的人，再怎么好，都算不上出色，从来就不会有人说第一名有潜力。

这真是两个高手的对决啊。

___4

在网上看到一句话：牛人都是扎堆出现的，并且，他们很早就认识。

兴奋之余，我转给朋友李剑兰。没想到，他直接回复我：我咋记得在幼儿园的时候，你还抢过我对象呢？

其实，我跟剑兰并没有一起读书的经历，他是我同学的同学。按说，情敌之间应该是有隔阂的，但他把"抢对象"的时间限定在"幼儿园"，这就太妙了。

___5

N年前，剑兰问我最近怎么样的时候，我说："失恋了，求安慰。"

他给我的答复是："好事啊。这是所有正在暗恋苏子（指我）的年轻女性的福音，我们该庆祝一下。"

奶奶的，说得好像我是个"抢手货"似的。相比之下，常言所说的"旧的不去，新的不来"是不是都太low（低级）了？

__6

有一次，在苏州的公交车上，我发现自己的T恤前后穿反了，但我也没觉得这事有多丢人，反而到处嘚瑟了一圈。

剑兰的点评是："你真是个艺术家啊。这事必将传为一段佳话。"

__7

很久以前，一个女生拒绝我之后，为了抚慰我受伤的心灵，对我说："我争取下辈子爱上你。"

我哭着说："怎么很多人都这样对我说啊？"

她说："这表明你下辈子桃花运旺啊。"

我一下子就从绝望中看到了希望，转悲为喜。

__8

一般在吃饭时、酒场上我都不懂规矩，尤其没有主动向领导敬酒的习惯。有一次，领导等不及我给他敬酒，耐不住性子，便主动来跟我喝一杯。

我灵机一动，对领导说："你主动敬我酒，这是对的。如果我主动敬你，看起来很谄媚，但你主动敬我，就是'礼贤下士'了。"

__9

有一次吃晚饭的时候，我弟媳说菜太咸了。因为菜是我妈炒的，所以我特别担心她会不高兴。于是，我自己也赶快补了一句："嗯，确实是有点咸。"

我为什么要"盲目"地发出跟我弟媳一样的意见呢？因为如果是儿媳说咸了，婆婆可能觉得她太挑剔、没事找事，会不高兴、不服气；但如果儿子也说咸了，就显得"理性、客观、公正"，婆婆就会服气、接受。还有一个奥妙是，在这种情况下，"确实有点咸"这一刀只能由我来补，才会有好的效果，倘若我弟弟这样说，那么，在我妈看来，可能就成了"娶了媳妇忘了娘"。

—10

我很小的时候，跟我妈去一个亲戚家。亲戚给我拿出零食，我尝了一口就说不好吃。在回家的路上，我妈教导我："这种情况下，你应该说我不喜欢吃这种，而不是说不好吃。"

"不好吃"，是对人家提供的东西、劳动成果的粗暴否定，而"我不喜欢"，表达的则只是我的个人偏好问题，跟别人给我的零食好不好吃没有关系。

这种思维甚至影响到了我工作以后的一些做法。我以前带实习生的时候，他们交给我的一些作品，我在退回去之前，经常会说："我退回，只是因为不符合这个栏目、这个杂志的具体要求，但你的作品本身其实是非常好的，我个人也很喜欢。"

—11

刚毕业那会儿，室友跟我都很穷，我们常常给对方一两百、两三百元的接济。有一次，我借给他200元，他先还了我150元，可半个月过去了，剩下的50元他还没有要还给我的迹象。我想，他是不是忘记了？但这么点钱，我又不好意思直接要，太寒碜了。但不要吧，我自己也穷啊。

于是，我就鼓足勇气问了句："你上次是不是已经还了我150了？"

他一听就笑了："你这是催我还你剩下的50啊，还说得这么委婉。"

__12

唐骏曾经说，他以前在陈天桥手下打工时，有一次公司开会，陈天桥的某个提议，他并不赞成，但又不便直接反驳，于是，他就把自己的主张发短信告诉陈天桥的弟弟陈大年。接下来，唐骏的主张经由陈大年之口表达了出来，然后，唐骏再表明立场：我同意大年的说法。

__13

一个新加入的读者给我留言：说实话，我就喜欢你这种人，三十几岁，正在成名阶段，不算"特大人物"以至于接触不到，而是有血有肉、有思想可供交流学习的对象。"矫情地说，于我，你的意义比莫言或马云还要大，因为你具有可接触性，而他们遥不可及。"

我并不觉得他这话是吹捧或抬举我，反而觉得是百分之百发自肺腑。这是因为，我自己也认为，"可接触到"的人要比那些大人物更有学习价值。

___14

有一次，"粉条儿"向我感慨道："你身上怎么一点大男子主义都没有？"

我很果断地说："我有啊。"

她说，没看出来。

于是，我来了这么一句："每次，当你自轻自贱，说自己这个不好那个不好的时候，我都会特别生气。我对你的评价那么高，可你居然不相信我！你居然敢质疑老子的品位！"

还有一次，我在安慰一位妄自菲薄、不自信的同学时这样说："我一直对自己几乎所有方面都不自信，唯有对自己的眼光和品位特别自信，它绝对是全人类顶尖级的。我是欣赏你的，可你说自己不行，那等于否定了我的品位。你这可是剥夺了我的最后一份尊严啊。"

＿15

我曾经问"粉条儿"："女人要怎样做才能够像你一样有趣？"可这狐狸精的回答居然是："遇见像你这样的男人！"

当我对她说"你是我见过的最会聊天的女人"时，她告诉我："我的情商，跟聊天对象的有趣程度成正比。"

会说话的人，能够把不好听的话说得让人容易接受；把好听的话，说得更动听。哪怕是一个原本很下流、很无耻的想法，都能被他们说得很有趣、很可爱。

曾有朋友问我："你这样一个看起来很粗狂的人，是如何做到在说话时如此心思细腻的？"

我说，表面上是因为我对人性有着敏锐的洞察力，实则因为我是一个玻璃心、小肚鸡肠的人，别人说话稍微有一点不妥帖，我都会觉察到不对劲或有一点点不舒服。同时，因为有很强的同理心，我便很容易做到换位思考，对别人说话时不会轻易犯"广大人民群众容易犯的错"。所谓的"洞察人性"，并不是洞察别人，而是洞察自己。

其实，能做到说话"让别人舒服"的人，大都有这几个共同点：感性、矫情、敏感、玻璃心。正是这些"缺点"，导致他们的心思特别细腻，情感体验能力很强，这也使得他们更有能力做到换位思考，以旁观者的角度来审视自己的言行。再就是，他们在对别人说话前都很理智冷静，并不急于表达，而是想好了再说。（他们的感性和理智并不矛盾。感性，指情感体验能力强；理智，是为了确保表达准确。）

相比之下，某些人所引以自豪的"心直口快""没心没肺"，根本就算不上什么优点。我平时也心直口快，但我会分对象，我只在那些我可以对他心直口快的人面前才心直口快。

至于某些人的"刀子嘴、豆腐心"，就更加不值得拿出来为自己辩护了——你既然是豆腐心，又何必要用刀子嘴来表达？这不是傻×又是什么呢？记住，恶语永远要比"刀子心"更容易伤人。

还有很多人，经常因为开玩笑不当而冒犯人，但当对方不高兴的时候，他们并不反思自己的问题，而是一味归咎于对方开不起玩笑（我们老家的方言中叫"不识耍"）。有些人本来就是那种无趣的、没有幽默感的人，你却硬去跟人家乱开玩笑，这难道不是你自己的错误吗？

要避免因开玩笑而得罪人，就需要把握好几个原则：

有的玩笑，只能对愿意纵容你的人开；

有的玩笑，只能对内心强大的人开；

有的玩笑，只能对高智商的人开；

有的玩笑，只能对高情商的人开。

我平时跟人开玩笑，经常特别毒舌，令旁观者惊诧不已，但我从未闯过祸，为什么？因为我准确地把握了原则。我只会在那些"四位一体"（同时具备这四种特质）的人面前放肆和毒舌，在其他人面前我是万万不敢的。

我能总结出以上这四条原则，得益于两个"四位一体"的人物原型。

一位是长我19岁的师兄。前一段时间，他跟我说他以前在微博上被网友们指责为"第一汉奸"。然后，我就说："现在，你移民了，'汉奸'身份算是坐实了。你跟复旦经济学院现任院长××是同班同学，你看看，人家都当院长了，你却在当'汉奸'，都是同学，差距咋这么大呢？"

这位师兄是我在做自媒体的过程中认识的，以他平时对我的关心和照顾，说是疼爱都不为过，所以，我有把握无论我怎么嚣张，他也不会把我怎么着。

另一位是"粉条儿"。我经常称"粉条儿"是一个"肤浅的女人"，并对她说："我就知道，你不爱我的人，只爱我的钱。"她也称我为"贱人""越来越不要脸了"。其他人可能会很诡异：你们怎么可以这样说对方呢？但我们就是这样说了，也没见捅出什么娄子来。因为，同样一句话，高智商的人自然会做出"原汁原味"的理解。

这又延伸出了开玩笑的另一个原则：**你可以调侃聪明人的智商不够用，可以调侃长得漂亮的人姿色不佳，可以调侃精神素养好的女生是"物质女"，但你万万不能调侃笨蛋的智商，不能调侃那些对自己的容貌不自信的人的容貌，更不能调侃物质女太物质。**

简而言之，开玩笑的时候"冤杀"一些自信的人没有关系，但千万不要让玻璃心的人"中枪"。

抱歉，我没有义务给你的朋友圈点赞

有一天晚上临睡前，在朋友圈瞄到《那些对你连赞也不点的人》一文，仅仅这个标题就让我忍不住先收藏了起来，因为就在当天上午，还有人抱怨我从不去他朋友圈点赞。

第二条早上，细看了一下这篇很火爆的文章，虽然道出了广大人民群众的心声，但视角太狭窄——只是道尽了那些抱怨"你为什么不给我点赞"的人的矫情和玻璃心，但没有搞清楚那些"我为什么不给你点赞"的人的苦衷。

文章的中心思想是：朋友是什么？朋友就是你舍得花心思、舍得花时间在他身上的人，点个赞只需要动动手指头就可以了，又不是托孤那么高难度的动作，如果一个人吝啬到连个赞都不给你，你就要问问自己在人家心里究竟有几斤几两。

这段话，也许放在很多人身上是合适的，但放在我这里是不对的。

我平时很少给别人点赞，主要原因是太忙，没多少时间去刷新朋友圈的信息。而且，我微信上的联系人超过4000（绝大部分都是陌生读者），这导致大部分熟悉的朋友发的东西都会被淹没，我如果不是"专程"进谁的主页游逛，基本上看不见他们发的东西（朋友圈要是也有个"特别关注"功能该多好）。我如果给陌生人点赞，通常纯粹是因为喜欢他发的东西，而没有任何社交的意味。

我不知道有多少朋友在内心里偷偷抱怨过我不给他点赞，但正式向我提出"抗议"的，只有两个人。

连人家给你点不点赞都斤斤计较的人，都很矫情，很玻璃心。当然，我这样说，绝对没有要贬低他们的意思，因为他们都是有"资格矫情"的人。事实上，"你从来都不给我点赞"这样的怨妇之语经他们之口说出，还有一股浓浓的撒娇的味道。

一个人积极地给你点赞，并不能说明他很在乎你。但是，一个人厚着脸皮来抗议你不给他点赞，却是赤裸裸的"我很在乎你"。

一哥们儿不仅抗议过我不给他点赞，而且还抱怨过"为什么我在群里@你，你经常不回答我？难道你成了大腕就不高兴理睬我们这些普通粉丝了？"实际上，他不是我的"普通粉丝"，他是我的偶像。我当时就回复他："奶奶的，你真是比女人还矫情。谁要是做你老婆，估计够受的。"（这里的"够受的"，准确含义是"够受用的"。）当然，你如果是一个不解风情的人，你永远无法体会男人矫情和撒娇的时候是多么可爱。

我第一次体会到男生撒娇的魔力是在学校时。有一天早上去考英语，前室友的自行车坏了，我送他到考场。临别前，他对我说："你考完后来接我。"我说："我不接。"岂料，他居然来了一句："你不接，我就不走了。"（当年他还是一个长着林志颖一样的娃娃脸的小鲜肉，你可以想象，他这一句无赖之语对哥哥我的杀伤力有多强。）

能光明正大地抗议我不给他点赞的两个人，都是关系比较密切、可以任性的人。但我猜想，肯定还会有一大批人暗地里不满过。

当然，我也很能理解这种不满情绪。有时候，我们发出去一句话、一张图，如果那几个预设的"目标读者"没有来点赞或评论的话，我们会感觉自己白写了、白发了。

现在，跳出我自身的朋友圈，来聊聊为什么别人不给你点赞。

第一，他没有给人点赞的习惯，并非仅仅不给你一个人点赞。

这种很少给人点赞的人，倘若他偶尔给你点赞了（尤其是专门进入你的空间去给你点赞），那么，这个点赞就肯定是有分量的。相比之下，对无论什么人都点赞，无论别人发什么都会积极点赞的人，他的点赞都很廉价。他那么卖力地点赞，除了能说明他比较空虚和无聊之外，什么也说明不了。

第二，他只为自己喜欢的内容点赞，而不喜欢人情世故意义上的点赞。在这种情况下，他不给你点赞，只能说明你发的内容不合他的口味。当然，这并不意味着他对你印象不好，他可能依然拿你当朋友，但不会为了维持朋友关系而去违背自己的点赞原则。

与此相关的是，有的人尤其是陌生人给你点了赞，可能只是因为你发的那段话、那张图偶然触动了他的情绪，他一时高兴就点赞了，而不意味着他要跟你本人建立某种关系。如去年有一次，一个同学很激动地告诉我："邱晓华（前国家统计局局长）给我的微博点赞了！"再譬如，有一次，一个只可能在《激荡三十年》和《野蛮生长》这样的作品中出现的重量级企业家给我的文章点了个赞，我虽然激动了很久，但也明白这只是对内容的认同，而非对我这个人的赏识。

第三，你跟他的共同好友太多，他在给你点赞之前得顾及共同好友的反应。

不过，这也分几种情况：

一是你是领导，你跟他有很多共同好友，这些人都是你的下属、他的同事。不管你发的内容是平庸还是出彩，他如果频繁给你点赞，都会被其他人解读为"马屁精"，从而与他保持距离。他给你点了个赞，实际上等于孤立了自己。

或者，尽管他的其他同事也在频繁给你点赞，他如果点赞，是不会被人理解成谄媚的，但是，他为了坚守自己的清高，如果你发的内容太普通的话，他就不点赞。只有当你发的内容特别能打动他的时候，他才会去点赞。

二是你们共同好友太多。在内心里，他跟你一样三观不正，但在外在行为上，他又表现得跟大多数人一样正常。你发了一段三观不正的话，他很喜欢；可是，倘若他给你点赞了，万一被那些三观太正且以三观正为荣的共同好友看见了，那些共同好友来非议他，他该怎么办？为了保护自己，他无论对你发的那些东西的认同度有多高，都不敢轻易点赞。

三是你发了一段很低俗或很平庸的内容，即便他出于跟你搞好关系的目的，愿意违心地点赞，可是，你们的共同好友会怎么看他呢？

尤其是，假如他深更半夜去给你点赞，把那些已经在他之前给你点过赞的共同好友（假如微信的声音没关）都给吵醒，怎么办？

他给你点赞就等于告诉共同好友们，他的品位跟你的一样低。这样，你们的共同好友就会鄙视他了。

四是他既不喜欢你，也不需要把你当成人脉来维持。

我们常常会发现，美女哪怕只发了一条没有多少营养的感慨，都会有一大群人积极点赞。相比之下，你费尽心思摆了多少个姿势才搞出来的自拍，却没有人点赞，原因极有可能是：你的颜值不够高；你虽然颜值不低，但照样没人喜欢你。

杨奇涵有篇文章叫《你的身份决定了你朋友圈点赞数》，说得很好。我有个朋友看到后，在评论中写道："我平时发的QQ说说再好也就几个赞，我一同学随便发个'晚安'就有上百个赞。一开始我以为是他好友多，一问也就三百多人。我又以为他人际关系好，可一问也不是。后来我才知道他是学生会主席……"

所以，少年，好好努力吧，等你什么时候当上大领导了，点赞的人自然而然就多起来了。

由此衍生出这样一个道理：**别人不给你点赞，是因为你太弱势。**你在别人眼里没价值，人家凭什么要给你点赞？要解决这个问题，方法跟上一条差不多，就是让自己强大起来。

当然，真正的强大是内心的强大，是不需要通过别人的点赞来找存在感或检验关系的深度。如果能做到这一点，你就不会去计较别人为啥不给你点赞了。

其实，**很多通过点赞来维持的关系，本来就是脆弱的，没有维持的必要**，你计较有什么用？

⬛ 有钱不代表有义务每次埋单

一个节假日晚上，跟五六个同学一起玩德州扑克。此前我没接触过这个游戏，一边学一边玩。我身上没带零钱，只好先从东道主兰总那里借5块钱"上底"。

很怪异的是，前面几个回合下来，赢家基本上都是兰总一个人，我手上的资产仍然是负5元。在洗牌的空当，大家又开始高谈阔论了，我郑重其事地高喊一声："注意力集中了，我宣布一件事情！"

随后，大家都安静下来了，有人急着问："宣布什么？"

我神情严肃地说："刚才借兰总的5块钱，我不打算还了！"

"为什么？"

"因为他现在是首富，我开始仇富了！"

我这样一说，一群输家纷纷表示"强烈支持"。得到了"同伙"的支持，我便觉得自己更可以理直气壮地赖账了。

我还没来得及得意，突然发现自己的资金链断裂了，不得不再次谦卑地向首富举债。没想到，首富先生断然拒绝："不借了，你的信用记录太差了！"

于是，我转而求助于其他尚未破产的输家，因为我觉得他们跟我是难兄难弟，应该能同病相怜，能够设身处地为我着想。可是，这群先前还强烈支持我不还所欠首富的债务的兄弟，现在都变成了首富先生的应声虫："不应该借钱给信用状况不好的人。"

最初宣布赖账不还的时候，我曾经显露出了英雄气概，无限豪迈。现在才发现，这个豪迈的代价是众叛亲离。

阶级兄弟往往是靠不住的：让他们在"道义上"、感情上对你进行零风险、零成本的口头支持或曰"声援"确实很容易，可一旦对你的支持有可能损害他们自己的利益时，他们就会特别谨慎。对于为富者的不仁，我们比较容易心平气和地接受，但倘若阶级兄弟对你不仁义，我们会觉得非常寒心。要知道，他们可是我们最后的指望啊。

　　诚然，这些都是自己人之间毫无顾忌讲的玩笑话，但玩笑话往往反映了我们潜意识中的某种真实想法。我当然不是说这个玩笑话暴露了我不打算给兰总还钱或者他不打算继续给我借钱这样的"真实想法"，而是说，在日常的工作、生活和学习中，我们很难摆脱这样的思维模式。

　　譬如说，我们欠一个亲戚或朋友一笔钱，他原来很有钱，我们并不急着还。现在他的公司突然破产了，日子不好过了，被债权人逼得要上吊。此时，倘若我们不是特别没良心的人，哪怕砸锅卖铁也要尽快把人家的钱还上。

　　可是，换一种情况：我们欠一个朋友一笔钱，现在他突然中彩票或炒股炒房暴发了，身价暴增几十倍，那么，即使我们现在有偿还能力，也不急着还给他了；或者，倘若我们是那种比较差劲的人，干脆就不打算还钱给他了——他那么有钱，也不缺这点了。有人说过，当你突然有钱了的时候，会有些根本不缺钱的亲戚或朋友来向你借钱，其实就是想占点便宜，没打算还。

　　问题是，人家有钱就可以成为你要无赖的理由吗？一般的群众心理是，欠富人的钱不还与欠穷人的钱不还，两者相比，前者的主观恶性小于后者。这种逻辑的结果是，欠私人钱不还的人很难被谅解，但欠银行钱不还的人却往往被认为有本事，甚至还成为很多人崇拜的偶像。

实在抱歉，在下愚钝，看不出来这两者的主观恶性有何不同。

又譬如，我们的朋友圈子里有一位混得比较好，在大家聚餐或一起玩的时候，倘若没有AA制的习惯，我们便都在潜意识中认为应该由他来埋单比较合适，不管他是否心甘情愿。

印象中有一次在复旦碰面，晚上比较迟了，大家正在为继续玩一会儿还是散伙犹豫不决，我提议说："到附近的宾馆开个房间打牌吧。"

某同学率先表示抗议："不行。每次你们都建议开个房间打牌，但每次开房间的钱都是我付的。"

"哈哈，你不是兄弟几个里面最有钱的吗？大家乐，你来埋单，这不是天经地义的吗？"

是的，我们潜意识中都是这么想的，怪不得每次其他人埋单的积极性都没有该同学高。

可是，凭什么？凭什么应该由人家混得好的人来埋单呢？混得好的人就有义务为兄弟们服务吗？如果这个混得好的人乐意，那当然好；但是，在很多情况下，这个混得好的人都是被"民意"给绑架了，甚至连他的"乐意"也是装出来的，而这伪装又是被逼出来的。我这个混得不好的，没有埋过一次单，也没有人说过啥，似乎混得不好的人享有豁免权；可是，那个混得好的人要是有哪一次没有埋单或者没有表现出一副要抢着埋单的样子，其他人即便嘴上不说，也会在心里嘀咕。牛根生讲，蒙牛上市之后，他的儿女与同学的关系就不好处理了：每次大家一起玩，其他人都觉得你应该埋单——你爸爸那么有钱。可是，凭什么啊？

前几天，惊闻某同学将要结婚的消息，我故技重施，道："别邀请我参加你们的婚礼，我可没钱给你送红包。"

这，就是"玩笑话的本质"：很多时候，当我们厚着脸皮以故作轻松的口气将一个平时不好意思说的"无耻念头"表达出来的时候，它就变成了玩笑话。以玩笑话的形式表达出来的"无耻"想法，往往给"无耻者"本人留下了很大的回旋余地，不容易得罪人，也能避免把场面弄得很尴尬——倘若你接受我的无耻想法，那很好；你不接受，那没关系，我可以体面地收回我的话，"它只不过是个玩笑而已"。

🐱 如何回答"你一个月挣多少钱？"

  自大学毕业至今，每次回家，都会被一些熟悉的或者不熟悉的长辈问到"你一个月挣多少钱"；如果回家时间是春节，这个问题则变成了"你去年一年挣了多少钱"。

  这个问题，真的很不好回答。

  2009年6月到2010年6月，是我正式从事销售工作的第一年，也是我的工作和生活状态最好、最亢奋的一年。后来，我跟朋友讲起那一年"尽管穷却很快乐"时说道："原因大概有两点，其一是上一份台资企业的工作让我太痛苦了，前后反差明显——我相信，如果你先去富士康这样的公司工作一年，然后再跳到其他公司，幸福指数肯定会提升许多；其二是2010年初开博客写作让我尝到了点甜头，精神上的充实弥补了物质上的匮乏。"

　　但同时这又是收入最低的一年——那段时间，我的月收入一直在2000元以下，不过，我却一直没有发过"工资太低"的牢骚。事实上，可以说，在那段最穷的日子里，我对工作是很满意的。唯一不圆满的地方，就是当别人问到我"你一个月工资多少"时，我从来不敢说得太具体，只能含糊其词、打马虎眼。

　　当急功近利的同学问我"你一个月挣多少钱"时，我不敢回答，不仅仅是因为面子、可怜的自尊心，更是因为我知道一旦他们得知我工资太低，马上会建议我跳槽，而我对这种建议早已经厌烦了。

　　当爸妈问到我"情况怎么样"时，我不敢如实相告，是因为以我那点可怜的工资，说出来还不把爸妈愁死。他们肯定会感慨"这娃大学白上了"，而且他们还会强烈建议我回去考公务员，然后进入体制内获得各种福利，过安稳日子。可是，我既不愿意让爸妈为我担心，也不愿意去考公务员，因此当然必须"虚报政绩"了。

后来脱贫了，我对父母遮掩真相的必要性也就不存在了，但我还是必须对更多的人说谎。

有一天晚上，我在扬州火车站候车室等车时，旁边一个带着几大包行李的老人同我聊天。交谈中，我得知他手里并没有当天的车票，而是第二天的站票。老人六十多岁，来自河南安阳，据他说是被劳务输出公司骗到扬州打工的，之前说是一个月给3000块钱，可来了之后，对方一天只给他60元，而且食宿费用还要自理，这样一算，一个月的净收入也就是几百块而已，他觉得还不如在老家，便辞职不干了。单位已经给他结清了工资，他退了宿舍，带着行李到了火车站，才知道车票不好买，旅馆肯定是住不起了，便只得打算在候车室里将就一夜。我问他除了火车票之外的路费够不够，他说够，我就打消了给他一点钱的念头。我又看了下他携带的食品袋，发现他带的食品少，肯定不够两天的分量，于是便将我包里的方便面、饼干和水分了一半给他。老人道谢后又问我："小伙子，你一个月挣多少钱啊？"

我想了一想说："也就1000出头吧。"这可能是我近几年来回答这个问题时第一次将金额往小了说，而且打的折扣超级低。可是，除了这样，我又能怎么说呢？面对这样一位不幸的老人，我能对他说实话吗？尽管我还是个很穷的人，但相对于他目前的处境而言，我俨然算是一个"富豪"了；如果我给他说我一个月挣4000块、5000块、6000块或其他数字，这会让老人心里怎么想？

"人家年纪轻轻的，一个月都挣这么多，我都这么一大把年纪了，才挣这么一点，看来真是老了，不管用了。"老人若真是这么想，那肯定会心理失衡，这对目前的他而言，简直是雪上加霜。

回到家之后，又被不少长辈问及"你一个月挣多少钱"，这下我变聪明了：如果发问者是五六十岁，年收入甚至不到一万，我就说自己月收入在2000元左右，以免他们"发现差距"后心理失衡；如果发问者年纪在四十岁上下，家里还有小孩子在读初中和高中，我就故意夸大自己的收入——这几年，在农村，"读书无用论"已经重新抬头，我作为一个收入不高的人，如果把自己的真实工资状况告诉这些长辈，他们肯定会认为"这娃书白念了，上那么好的大学，一个月才挣这么点钱"；他们这么评价我对我来说已经无关紧要，我担心的是，我那些堂弟堂妹的学业将会受到我这个"无能的反面典型"的影响。

　　我甚至还当着我那些还在念初中、高中的堂弟堂妹的面，将我的工作状况加以适当地美化和夸大，目的是激励他们积极上进，让他们相信知识是有价值的。当然，毫不夸张地讲，尽管我没挣几个钱，但在我那些信息闭塞、连省城都没去过的叔叔婶婶眼里，我已经算是一个很有出息的人了，我当然有资格成为他们的孩子的榜样。

　　当然，我并没有在这群孩子面前将上大学的前途无限美化，免得他们现在对大学的期望值太高将来再陷入极度的失望；同时，我也中肯地跟他们谈到，从短期来看，接受职业教育更有利于找个饭碗。

　　我还特别给这几个孩子指出，不要幻想着一夜暴富，不管是学习还是工作赚钱，都要踏踏实实地来："千万别听信别人胡扯那个谁谁谁小学文化程度，成了富豪榜第几名的神话，然后就认为没有必要上学了。第一，你我都是普通人，人家小学文化能成功，但你肯定不行。事实上，这些小学文化程度的富豪，他们并没有让自己的孩子继续用小学文化程度来跟同龄人竞争；第二，时代不同了，草莽成功的时代已经过去了。"

　　最后，我跟他们强调，大学或许可以不上，但书必须读。

❸ 我不是冷漠，而是不敢关心你

　　元旦期间，与一个兄弟小聚时，他向我打听一个共同好友："××近况如何？"

　　我直截了当地说："不知道。"

　　"瞧瞧你这人，对人家一点也不关心。"

　　我十分委屈地说："不是我不愿意关心啊，而是很久没联系过了，已经不知怎么关心、不知应该从何关心起了；更准确地讲，我即使内心里很关心他，也不敢明明白白地将这种关心表达出来。"

　　对于我所说的"不敢关心"，这位兄弟的悟性很好，我相信他能够理解我的意思；或者说，他自己肯定也常常对某些人不敢关心吧？

　　我补充道："我现在不敢关心××，就如同过去的两年多时间里不敢正面关心你跟××之间的动态一样。"

　　××是该兄弟的前女友，当他还在读研的时候，××回到老家附近的一座城市工作，后来的情况我就不怎么清楚了，总之联系比较少了吧。之后的一年半时间里，我几乎从未听该兄弟提起过××，便觉得不正常，甚至有一种不祥的预感。但我也只是瞎猜猜，从未敢正面问他××现在怎么样。其他要好的同学向我打听他们的关系时，我也只是回答"没敢问"。

　　直到后来该兄弟主动告诉了我这件事，我原先的判断方才得到印证。

　　我向来很少关心或打听朋友的感情问题，因为我武断地觉得，绝大多数人对别人感情问题的所谓"关心"，并非想分享其喜悦、分担其悲伤，而是为了获得一点八卦时的谈资，仅此而已。

　　此外，我作为一个loser，如果过多地关注别人的感情生活，嫉妒之情将难以避免，这简直等于徒增烦恼。我仅仅在以下三种情况下才会关心别人的感情问题：第一，他（她）是我的情感"利益攸关者",即我爱恋的对象或者情敌;第二,我确定他(她)正处在蜜月期,我如果破天荒地八上一卦,能增强他(她)的幸福感;第三,这个朋友因遭遇情感方面的挫折向我倾诉时,我想办法带他(她)走出心理阴影,尽管我并不擅长此道。

在某些情况下,我很久没有了解到某个朋友在某方面的动态,我很想知道他(她)最近是否还好,但我只会通过别人来侧面打听,而不敢向他(她)本人正面询问,充其量只敢用那种客套式的话问"最近怎么样",因为这样的问题对方很容易搪塞过去,但我并不敢直截了当地问那些很具体、很细节性、我最想了解的问题。

为什么呢?因为我的直觉已经告诉我,他(她)目前很不顺、心情很糟糕。现在我直截了当地去关心他(她),倘若我的直觉是错的,他(她)现在一切都好,那倒还好;最怕的是,倘若真相跟我的直觉一样,那么,此时我的关心既有可能给他(她)带来安慰,帮助他(她)减轻痛苦,也有可能重新唤醒他(她)对那份原本已经淡忘的痛苦的回忆,让他(她)再痛苦一次。

亚当·斯密在《道德情操论》中说:"当我们向一个亲人

或朋友复述自己的不幸遭遇时，流的泪比当初经历这件事的时候还要多。"

个人认为，这可以分两种情况：

第一，复述时的流泪，撒娇的成分比较多，基本上是"求求你安慰我一下"。为了得到同情和安慰、为了更好地体验来自对方的那份友谊或疼爱，我们会夸大当初的不幸。这个时候，泪水的多少并不能反映痛苦的程度。

第二，尽管复述不幸时的流泪是在演戏，但因为入戏太深，分不清戏里的角色与现实中的自己，结果越演越痛苦。在这种情况下，倘若有个"不识时务"的朋友主动来安慰你，那他的关心一定会加剧你的痛苦——他没有来的时候，你的那份痛苦已经随着时间的流逝而渐趋淡化，他现在主动来送安慰，你便得回顾往事；而且，通常往事越是不堪回首，你便越忍不住去回顾，并且也越会回顾得尽可能详细。

明知一个朋友正处于失意中，你却还以直截了当的方式去关心他（她），这基本上是向人家的伤口撒糖。伤口撒糖，感受不会比伤口撒盐效果好；不信的话，可以试一试。我当然承认你对别人的关心是出于好意，可是，一种伤害了别人的好意，又能算是怎样的好意呢？！

　　我知道几个"小朋友"正处在焦灼的求职期，但我也只是偶尔才"不冷不热"地问一下进展状况，而不是隔三岔五地表示我对他们的关心——关心得太殷切了，就会让他们有太多的心理压力，还不如不关心的好。

　　本文开头提到的××，工作一年半之后很不顺心，回到学校考研，但我从一开始就断定他考不上（只是这么想的，却没敢说出来），后来虽然成绩揭晓的时间早过了，但我一直没有敢正面询问他的分数"以示关心"（我选择了从侧面向其他朋友打听，得知确实考砸了）。这种情况，并不适合去"主动送安慰"，于是我只好佯装出一副漠不关心的样子来。不过，后来在组织一个聚会迎接某位从国外回来的同学时，又是我最先（可能也是唯一）邀请××参加的。近两年，我没有怎么过问××的近况，也是因为估计他正处于"失意期"。

　　可是，不敢关心并不意味着不关心。

　　我的一个同学高考落榜后外出打工，混得很不好，慢慢堕落成了犯罪分子，因为犯了事被判刑入狱，几年后才出狱回家。他回家后，我们的一位共同好友把他的手机号告诉我，让我打个电话表示一下关心，多安慰他；也有其他几位朋友拿到了这个手机号。

其中一位朋友打电话问我这个慰问电话该怎么打，我说："我们就不用打这个电话，没法打啊；即便要打，也不应该在他刚出狱回家的这个敏感时刻打。这个电话怎么打呢？你想想，我们在电话上怎么问××？开场白应该是怎样的？难道问：'××，你回来了？'他本来就是他家里的人，你说"你回来了"不就是在提醒他，他过去的几年不在家里而在监狱里吗？如果这个安慰电话非要打，最好是拿点不痛不痒的话题乱扯一通，让他觉得你还是把他当个正常人看待的，而不是表现出一种不同寻常的关心。"

后来，我专程去他家里看望他，但谈话很随意，并未刻意地表示关心。

关心，不仅仅是一种意愿，更是一种能力；如果只有这种热情和爱意而没有采取合适的方式，那你的关心可能会对别人造成伤害。也许，在找到合适的关心方式之前，与那种伤口撒糖式的关心相比，这种"假装冷漠"才是真正的关心吧。或者，问题其实没有这么严重，而是我太过于敏感、太"多疑"了。

❸ 别人随意问候，你要小心回答

你有没有偶尔（甚或是经常）在QQ、微信或手机短信上收到这样一条问候："最近怎么样？"

肯定有——只要你年龄不是太小，只要你的朋友圈子曾经多次"刷新过"。

一般来说，如果一个人以"最近怎么样"来问候你，这便意味着你们之间已经很久没有联系过了。

如果这个向你问好的人只是泛泛之交，或者仅仅只是认识而已，连泛泛之交也算不上，他并不是专门向你问好的，他只不过是偶然间在通讯录里面看到了你才突然想跟你无话找话一下；又或者他只是把你当作未来可能利用得上的"人脉"来积累，他这次不温不火的问候只是想跟你联络一下感情；如果你对这个人并没有多少兴趣，那么，这种问候只需随便应付一下子就可以了——"Fine,thank you.And you？"或"Just so so"便是最简洁的答案。

可是，偏偏在很多时候，这个以"最近怎么样"来问候你的人，不是"不重要的"；相反，他可能是你儿时的很要好的玩伴、大学时无话不谈的室友、第一份工作中的亲密战友，甚至可能是你曾经相爱过的恋人。这些人，尽管他们现在与你的生活、工作和学习没有多少交集，但他们是如此重要，以至于你永远都不能忘记他们，也舍不得忘记他们。来自他们的一个问候"最近怎么样"，尽管只是"象征性"的，却也是很真诚的，尽管看似平淡，但你却倍感亲切，因为它总能勾起你无限美好的回忆。你想认认真真地回应一下他们的回复，但你几乎完全不知该如何回复，因为你们已经很久没联系了，你不了解对方的近况，尤其是不了解他（她）现在的心境。

如果你只是回个"还好"或者"呵呵"，会显得很不郑重、很不用心——语焉不详的回复，给人的感觉就是在"搪塞"；而且这种回复在发出去之后，可能就没有了下文。常常有个朋友会在微信上对我说声"早",我偶尔也只回复个"早",但接下来就没话说了,只有沉默和冷场。幸好,只是在微信上,如果是当面这样,那该有多尴尬。

这个时候,要想聊得起来,你就不能仅仅用"Fine,thank you.And you?"或"Just so so"来回应,回答要有具体的内容才好,比如,怎么个Fine法或怎么个Bad法。可是,如果你最近(自上次联系到现在以来这段时间内)并没有什么波澜壮阔的经历可跟人家说说的,没有什么奇闻趣事可供讲给人家听的,也没有什么新的人生感悟可跟人家分享的,那可就真的悲摧了。你总不能跟人家说"我最近加薪了"或"我升职了"吧?更何况,加薪和升职这种事情不是常有的,即便有,也不能拿它来回应"最近怎么样"这种问题。

不过,"我最近跳槽了"这种话倒是可以拿出来说说的,并且这句话说出后必然还能引起很多话。尽管跳槽常常意味着薪水增加了或者职位上升了,但它说出来的效果就是比"我工资涨了"或"升职了"要好得多。你想想,倘若这个问候你"最近怎么样"的人自己最近工作上很不如意、很失落,在得到你这样一个"二×回复"之后,他(她)会不会觉得自己"很窝囊"呢?人家好意问候一下你,你却无心地伤害了一下人家，这算咋回事呢？

因此，即便你自己现在一切都很顺利，甚至事业做得风生水起，在不了解对方当前境遇的情况下，应该慎用"everything is going well"这样的答案；相反，把自己的状况说得稍微差一点，是一种比较安全妥当的做法。譬如说，大家都处于毕业找工作的阶段，你过关斩将进入了世界Top 500的企业，薪水很高，并且对工作性质也很满意。这时，一个正处于求职焦灼期的老同学问你工作找得怎么样了，你便不应该如实相告，否则，只能增加他的紧张和焦虑。

回想起大二有次英语期中考试，考前那几天QK同学外出去旅游了，没复习，完全是裸考。英语考完后，他发了条短信给我："感觉怎么样？"

我果断地说："太他妈难了，糟糕透了。"

而实际上，考题比我预想得简单，我感觉还可以，分数应该不会太低。我之所以这样回答，是因为我知道QK肯定考得不好，他向我发短信只是想寻求一下安慰而已，而我又深深地懂得，安慰别人最好的方式之一就是告诉他"我比你还惨"。（QK的英语向来就比我好得多，我当然不应该让他觉得自己这次不如我。）

再回想2007年初考研结束的那天晚上，我绝望地发短信给一干人等，说我的英语作文跑题了，作文肯定是0分。某同学在收到短信后，直接给我回复了个"放心吧，我肯定比你差远了"。我原来还以为只有我一个人懂这一招，没想到他竟然也懂。这种安慰的方式，实在胜过千言万语。

是的，我在倒霉的时候，往往希望能有个跟自己关系比较密切的人来垫背、来给我"陪葬"。我知道这种想法很无耻，但是我敢保证肯定有很多人跟我一样"心理阴暗"。其实，这只是为了寻求一种心理平衡。

不过，你也不能把自己的近况说得太差、太偏离事实，否则便显得很不真诚，是对人家的不尊重，甚至是"轻视"。你当然可以跟这位问候者分享你的一些喜悦，只要能把握好分寸就行了。

倘若你正处于逆境，在接到他"最近怎么样"这般问候时，却也不好直截了当地说不怎么样。这样显得太不礼貌了，倒像是拿人家出气似的。

倘若此时你能放下一些心理包袱，敞开心扉向他倾诉你的不顺心，便在无意间拉近了距离，弥补了久未联系的缺憾，友谊更上一层楼。主动与别人分享一些我们并不怎么自豪的事情，也许是我们的缺点，也许是我们耻于提及的、让我们不舒服的、不为人知的事情，这往往是一种很好的"套近乎"的方法。

可是，毕竟很久都没联系了，彼此都有点生疏、有点隔阂，你可能也不大好意思直接向人家倾诉什么吧？让人家知道你"一年之中有十一个月都处于失恋状态"？让人家知道你参加工作三年多了还摸不着门路？这还不让人家把你看扁了？通常，这种话只能对一个关系很密切的人讲，除非你心理素质特别好，才敢拿这些详细的"不怎么样"来回复一个已经日渐生疏的朋友的问候。

"最近怎么样？"对于提问者来说，这个问题很简单；对于回答者来说，这简直堪称世界上最难的问题。面对这样的问题，我不理睬不行，我搪塞也不行，正面回答也不行。渐渐地，我发现，对于这样的问候，其实根本就没有必要正面回答。反正，未见面时所问的"最近怎么样"，性质跟见面时所问的"你吃了吗"差不多，即问者根本就没有指望对方能正面回答，那我跑题了又有何妨呢？故而，我的回复常常是"偏离主题"、答非所问。要么直接大大咧咧地脏话问候，以示亲密；要么是先客套一两句，然后提一下关于某个共同好友的

"八卦"，末尾再来个"苏子（我自己）曰：××"。

我自己身上没有多少有趣的值得大讲特讲的故事，而我又对那些鸡毛蒜皮的小事不感兴趣，觉得谈这些事情很无聊。因此，我平常跟人聊天的时候一般不会花太多时间聊自己的工作和生活琐事，我更喜欢天南海北闲扯淡，聊聊国内国际政治经济形势、江湖奇闻趣事、政治八卦笑话、某个学术明星或企业家明星的一两句俏皮话。这些东西也常常被我拿来回复"最近怎么样"一类的问题。你说，我脑子是不是有病？

偶尔，我充满热情地回复了某个朋友"最近怎么样"的问候，便耐心地等待他的回应。谁知，一直等了半个小时，屏幕上也没有反应。这个时候，我便会怀疑自己是不是回复得不恰当？凭空猜测之后，我又为自己的回复不能让他（她）满意而愧疚。可是，对这样的问候，究竟该怎样回复才是"恰当"的呢？

❸ 你的善良，或许只是错误的善良

从杰克韦尔奇的自传*My Personal History*看到一个词false kindness。那段英文原文我忘记了，大致意思是这样的：很多企业的主管在面对很不合格的员工时很为难，既不想再雇用他，可又不忍心辞退他。实际上，这种不忍心是一种false kindness。

现在趁他年轻，你辞退了他，他还有很多机会找到适合他的工作。可倘若你因为不忍心而一拖再拖，等到这个员工人到中年了，他每个月要还房贷并且还要交小孩子的学费的时候，你再迫不得已地辞退他，那可就真的麻烦了——那个年龄的他，在离开你这边之后可能就很难找到合适的新工作了。

　　我没有查到False Kindness一词的中文翻译，有朋友解释为"伪善"，不过，我不同意。当事人的善良分明绝无丝毫虚伪之处，而是非常真诚的。因此，我认为这个词翻译为"错误的善良"更好一些。

　　我们常常被一些很真诚但又可能很错误的善良即False Kindness包围着，有时候我们是这种False Kindness的受惠者，更准确地讲，是受害者；有时候，我们自己就是这种False Kindness的施与者，更准确地讲，是罪魁祸首。

　　作为False Kindness的受害者的我们，不仅有苦难言，而且还常常不得不装出一副很领情的样子，毕竟人家是出于好心，如果我们还发牢骚的话，那就"太没良心"了。作为False Kindness的施与者的我们，几乎总是不可能意识到自己错了，倘若受惠者竟然说了几句表示不满的话，我们会觉得很委屈，大骂他们"不识好歹"。

　　上面两段写得太抽象，有的读者朋友可能如在云里雾里，完全不知道我在说什么。Sorry，这不是各位理解水平的问题，而是我的表达能力太差，我不知道如何用更具体的形式将其表达出来。没关系，等到看到结尾的时候，再返回来读第三段，就一目了然了。

下面开始说点具体的事情。

几年前，当我还在上一家公司的时候，公司有两个人"很不正常"；更准确地说，是除了我苏清涛之外，还有两个人"很不正常"——当然，只是在除我之外的人们眼中，他们才显得不正常。本句的分号之后那部分是什么意思呢？不必解释，你们懂的。

第一个"不正常的人"，是个工程师，工作干得很好，但就是不怎么说话——不是"很少说话"，而是几乎不说话，只有在因工作所必需不得不说的时候嘴里才会蹦出几个字来。这位工程师的沉默寡言，竟然让我们公司的不少人有了"谈资"。很多次他不在场的时候，有一批人在办公室聊天的主题就是"××整天不说一句话，该有多难受啊""性格很内向"云云。

另一个"不正常的人"，是个游戏迷。当然，与大多数拿游戏来消磨时间的人不同的是，我们公司的这位游戏迷玩游戏已经玩出了一种境界，达到了废寝忘食的地步，甚至连睡着的时候手里也拿着鼠标。他是那种把游戏当作精神生活的一种重要方式、当作生命之必需、当作自我存在之证明的游戏迷。套

用笛卡儿的话来说就是，"我玩游戏，故我在"。出于对他的
关心，大家总是在他不想吃饭的时候喊他吃饭。在绝大多数情
况下，他都很不情愿，很不乐意。即便暂时勉强服从了，内心
里也嫌烦。也就是说，我们一厢情愿地关心他，他尽管也能理
解我们的好意，但就是不领情。

　　对这个人，我们暂且称他为"疯子"吧。毫无意外的是，
"疯子"也为我们公司的很多人提供了谈资。大家谈论他的
频率和程度，就像祥林嫂谈论她被狼吃掉的阿毛一样，到了
后来，只是相同的句子在不断地重复罢了（语序可能略有调
整），颇有点"李杜文章万口传，至今已觉不新鲜"的味道。

　　有一次，一个为自己的外向性格感到自豪并充满优越感的
人，在议论"第一个不正常的人"，即那个性格内向的工程师
时说："整天整天不说话，真难受死了。"

　　总之，言谈之中充满了关切。当然，比关切更明显的感情
基调是同情。我最受不了这种胡乱以己度人的家伙，子非鱼，
安知鱼之乐与不乐？谁也不比谁强多少，谁也没有资格去居高
临下地同情别人，于是我忍不住回应了一句："那么，像你这
样少说几句废话就能憋死的人，难不难受啊？！"

　　我们想想，如果我们没有非说不可的有趣的话，却无话找

话、自说自话，只有自己陶醉于其中并且滔滔不绝，别人听得都腻了，这无不无聊？

有一次，有人谈到"第二个不正常的人"即那个"疯子"时说："我们跟他说其他事情，他一点兴趣都没有，只有谈到游戏，他才十分兴奋。"我说："你明知他跟你没有多少共同语言，却还想跟他交流、让他参与一个集体活动，当然会让双方都很尴尬了。"我们想想，当一个人正沉醉于一项精神性活动时突然被人喊吃饭、被喊出去逛街，并且还是三番五次地催促，烦不烦？（至少，当我自己在写文章的时候或发呆的时候，是不能忍受别人喊我吃饭或跟我讨论"今天晚上吃什么"这种并非迫在眉睫的问题的。）

这两个人之所以"不正常"，关键点就在于他们很不合群。我们之所以认为他们很不正常，是因为我们总认为自己代表着大多数、我们总认为只有自己才是检验正常的唯一标准。我们希望他们能变得跟我们一样，并且这种希望完全是出于好心，是出于对他们的关心之情。

需要说明的是，我在这里所说的"我们"一词并不包括我本人。之所以这么写，是因为我确实找不到更恰当的人称代词——"他们"显然是不能用的，因为跟上一段中的主语重

复，易于引起混淆，但"你们"一词显然更不能用了，用了
它，好像是在有针对性地批判谁似的，容易得罪人。我现在用
"我们"一词，表面上是"把自己也拖下水"了，把自己列为
批判对象之一，这样就很容易得到其他被批评者的谅解，比较
利于避免引起矛盾。此外，把自己也列入批评对象，颇有点儿
"见不贤而内自省"的味道。当然，我现在画蛇添足地解释了
一下，将使自己前功尽弃，伪装失败，但倘若不做这个解释，
我又实在害怕被朋友们误解，怕他们真以为我就是那种"拿自
己当作检验正常的唯一标准"的人。

可问题在于，我们的这种"好心""关心"，有没有用到
点子上？

**我们往往很容易以己度人——对于自己喜欢的，认为别人也
会喜欢，也应该喜欢；出于好心，我们往往将自己的喜好、对快
乐与幸福的感知及评判标准强加于人。**

我们自己喜欢热闹的场面，喜欢集体生活，便在心里同情
离群索居的人，认为他一个人该多无聊。因此，出于好心，我
们强烈要求他也"融入这个集体"，过一种热闹的生活；可我
们不知道，他喜欢清净，他很享受独处的滋味，我们强迫这个
跟我们没有多少共同语言的人来"合群"，这是对他人自由的

一种侵犯，是对他的干扰。

我们自己想当个大户人家的上门女婿以便少奋斗几十年，便出于好心建议别人也这样做，倘若他不同意，我们便断定其假清高。可是，教人丧失斗志、教人变得愚蠢，这是怎样的一种"好心"？

我们自己羡慕公务员的生活，便出于"关心"建议自己的同学也能进入体制内，倘若他没兴趣，我们便指责他"脑子不开窍"。可是，教人进入他不愿意进入的体制，这是怎样的一种"好心"？

我们自己喜欢看《非诚勿扰》，出于有好东西大家要一起分享的好心，我们便推荐别人也来看，倘若他不喜欢这种流行节目，我们便嘲笑他"out了""缺乏生活情趣"。可是，用语言暴力强行改造别人的欣赏趣味，这算是哪门子好心？

我们自己耐不住寂寞，老期待着艳遇能降临自己身上，便希望别人也能来猎艳，倘若别人不响应，我们便对他的"不解风情"深表同情。可是，试图将别人改造成寂寞男、试图降低别人的审美标准，这又算是怎样的一种"好心"？

在大多数情况下，我们在试图将这种种善意强加于人的时候，都没有丝毫的恶意，可是大多数时候被关心的对象都"不领情"。故而，我们应该去反思，他为什么会"不领情"？我们表达"好意"的方式是不是有问题？这是因为，我们只是简简单单地想去关心别人、施与善心，但我们压根儿就没有考虑到真正能够被对方所接受的关心应该是以理解为前提的。离开了理解，是不可能有真正的关心的。

理解什么呢？去了解我们所关心的对象，他最重视的是什么，最轻视的是什么；他最喜欢的是什么，最不喜欢的是什么；他最需要的是什么，最不想要的是什么。我之所以在本文第三段中将这某种善意称作False Kindness，便是因为它不是以理解为前提的。

但是，不理解导致False Kindness，并不意味着我们没有能力去理解；相反，这种不理解往往并非由于我们缺乏相应的理解能力，而是因为我们太容易想当然。我们总是认为，只有我们自己才是唯一正确的，并且还试图带着善意将自己这种意识强加于人。"好心"的人往往意识不到这一点有什么不对，我们总是认为自己处于"大多数的一边"、自己是正常的，凡是与我们不同的人都是"不正常的"。

想起常远说过的一句话，原话我记不准了，大意如此：我们需要多么变态的自信，才能坚信只有自己才是正常的呢？一群猿猴偶然看见了一个人，便很兴奋地对其同伴说：看，他身上竟然没长毛！也就是说，我们很少意识到，我们作为"正常人"去同情或嘲笑那些"不正常的人"，实际上可能是"劣币驱逐良币"。

以"唯一正确"或"唯一的善"自居并试图将这个唯一的标准强加于人，这就是我们关心别人的方式，这就是我们对爱的一种表达方式。这个世界上，有多少伤害别人的事、有多少得罪人的事、有多少冒犯别人的事，不是以这种"爱"和"关心"之名义进行的呢？曾经看到过这么一句话："'其实他这个人不坏'，因为这句话，我们容忍了多少生活中的傻×。"这句话可能说得有点过分，但理是没错的。

关于False Kindness，周国平在《己所欲，勿施于人》一文中有这样两段话：

　　自己认为善、快乐、幸福的东西，难道就可以强加于人了吗？要是别人并不和你一样认为它们是善、快乐、幸福，这样做岂不是对别人的一种严重侵犯？在实际生活中，更多的纷争的确起于强求别人接受自己的趣味、观点、立场等。大至在信仰问题上，试图以自己所信奉的某种教义统一天下，甚至不惜为此发动战争。小至在思维方式上，在生活习惯上，在艺术欣赏上，在文学批评上，人们很容易以自己所是为是，斥别人所是为非。即使在一个家庭的内部，夫妇间改造对方趣味的斗争也是屡见不鲜的。

事情的这一个方面往往遭到了忽视。人们似乎认为，以己不欲施于人是明显的恶，出发点就是害人；以己所欲施于人的动机却是好的，是为了助人、救人、造福于人。殊不知，在人类历史上，以救世主自居的世界征服者们造成的苦难，远远超过普通的歹徒。

我们应该记住，己所欲未必是人所欲，同样不可施于人。如果说"己所不欲，勿施于人"是一个文明人的起码道德，它反对的是对他人的故意伤害，主张自己活也让别人活，那么，"己所欲，勿施于人"便是一个文明人的高级修养，它尊重的是他人的独立人格和精神自由，进而提倡自己按自己的方式活，也让别人按别人的方式活。

说到False Kindness，我又想起了传说中的七大姑、八大姨。有一次，一个朋友开玩笑说要给我介绍对象，她话一说出口就觉得不对劲，知道要"挨骂了"。果不其然，我对她说：

你现在在我心目中的地位，已经相当于"七大姑、八大姨"了——"七大姑、八大姨"这词，似乎从来都是以贬义词的面孔出现的。

诚然，七大姑、八大姨中的大部分人，对我婚姻状况的关心只是出于无聊，只是因为没有共同语言，只是无话找话却不得要领而已。但是，也有一部分人是真的关心，真的很着急。我姨妈、我干妈，甚至还有我那可敬的老妈，也总是对我的婚姻大事充满担心："你现在不抓紧找对象，眼看着一天天变老了，再迟了就找不到了。"

这是什么意思呢？这是把我当作快要贬值的过期商品看待，我在她们眼中就是个垃圾股，急着抛售，害怕再迟就没人要了。她们这么想，不是让我太心寒了吗？她们对我是真心实意的关心，可惜，是False Kindness。

有一次，我妈在电话上催我的时候说："打听打听，有没有追××（我的一个哥们儿，土豪，我妈认识）的女孩子，如果××看不上，让他介绍给你。"人在世间最痛苦的事，莫过于得不到至亲的理解。不仅伤心，而且气愤。就因为这句话，我连续一个月没给我妈打过电话。当然，她们是绝对不会承认自己是拿我当垃圾看了，或许她们只是太关切了，确实没有轻看我的意思；可是，依照正常逻辑，她们的确就是这么个意思。倘若她们真不是这个意思，那再次印证了一个观点，即"女人不讲逻辑"。

七大姑、八大姨及母后大人的善意，使我强烈地认为，"他人即地狱"应该改为"False Kindness即地狱"才更恰当一些。

所有动辄就不假思索地将False Kindness施与别人的人，应该懂得这一点：从灵魂深处看，大多数人都是孤独的；孤独的最重要证据就是我们是如此珍视那种叫作"理解"的东西。我们未必会因为一个人很关心我们而接受他的友谊，未必会因为一个人很爱我们而接受他的爱情，也未必会因此而给予他友谊或爱情；我们未必会因为爱（广义的爱，涵盖爱情、亲情、友情三方面）一个人而理解他，未必会因为爱一个人而得到他的理解，也未必因为一个人爱我们而去理解他……

但是，我们却很容易爱上一个人或希望跟他成为朋友，仅仅因为他给予了我们某种踏破铁鞋无觅处的理解；毫不夸张地说，在某些情况下，我们甚至宁肯去喜欢一个能够理解我们的陌生人甚至"敌人"，也不愿意跟那些无法理解我们的亲人、朋友或恋人多说几句话。把亲人也拉进"不愿废话"的范畴，尽管看起来残忍，但你却不能否认这就是事实。

爱，既换不来爱，也换不来理解——它充其量只能换来某种"尽量去理解"的愿望，但是，理解却很容易换来爱。最能打动一颗孤独的灵魂的，是理解和默契，而不是爱。

明白了这一点，当你所关心的对象不领情的时候，你便不会感到委屈了。

③ 随便找个人娶了吧，别让你妈急出病来

　　李大妈的儿子老大不小了，没结婚也没耍朋友，这可急坏了李大妈。为了给儿子选媳妇，她当起了"间谍"。

　　8月2日晚7点左右，李大妈到超市闲逛，发现不少女营业员长得挺漂亮，便"潜伏"在角落里，偷偷用手机拍下一些年轻漂亮的女营业员的照片，想拿回去给儿子挑。

　　不料，营业员发现了李大妈的行为，要求李大妈删除照片。双方为此僵持了半天，营业员还报了警。在民警的调解下，李大妈主动删除了手机里偷拍的10多张照片，在场的女营

业员们也表示体谅李大妈做母亲的心情。

在杂志上选编这则趣闻，要加个点评，我在第一个版本写的是"病急乱投医，可怜父母心"，结果被领导退了回来。于是，我又憋出了第二个版本："孩子，随便找个人娶了吧，别让你妈急出病来。"

尽管这条因为"三观不正"被咔嚓了，但我对它情有独钟。

我知道，作为大龄未婚青年的你，对这句话极为反感，但我敢断定，你妈一定很喜欢它——假如她没看出我其实是在调侃的话。

你迟迟不结婚，不就是为了等待真爱吗？

孩子，别傻了。这世界上哪里有真爱呢？再说，真爱是何等奢侈的东西，即使有，是你能消受得起的吗？

爱情并不是婚姻的必要条件。你爸跟你妈当年可能就没有爱情，还不照样走到了一起，并一直走到了今天？你妈经常告诉你，感情不能当饭吃，那么，请务必相信你妈，她一定是对的。

过年回家的日子比较难熬，但如果结婚了，一切都会好起来的。相信你妈，不会错的。

你妈对你催婚，是因为她宁肯看到你跟一个差的伴侣在一起过着痛苦或无聊的生活，也不愿意看到你一个人快乐地生活。倒不是说她用心险恶，而是因为她认为单身必然不幸，结婚还有幸福的可能性，而你认为单身还有幸福的可能性。可是，单身狗真的会幸福吗？

你妈吃过的盐比你吃过的饭都多，她说的话能不对吗？

你妈是so old, so wise（太老练，太聪明），而你却是too young, too naive（太年轻，太幼稚），所以，谦虚点。现在没有爱情，不打紧。等你到了你妈这个年龄，再从琼瑶剧里寻找和感受爱情不就行了？

你会辩解说，你比较理想主义，你希望按自己喜欢的方式生活。可是，你这不是有个性，而是自私，你考虑过你妈的感受吗？

你爸妈这辈子没有过丰功伟绩，既没有开疆拓土，也没有缔造过商业帝国，唯一让他们感到骄傲的事情，就是生了你这个儿子。你是他们唯一的精神寄托，给你娶媳妇，对于他们来说，也许是他们一生中最有成就感的一件事情。你连这个机会都不肯给他们吗？

再说了，彩礼也在飞速上涨，趁现在你爸还出得起彩礼,赶快结婚吧;否则,再晚一两年,你家的家底可能就不够用了。

你爸妈缺乏兴趣爱好,业余生活和退休生活单调。他们在年轻的时候没有条件买玩具玩,如今年老了,即使你买玩具给他们,他们也不会玩,早没了那心境,但抱孙子给他们带来的乐趣将超过任何玩具。所以,赶快给他们生个孙子吧,让他们安享晚年,这要比丰厚的养老金有价值得多了。

人活着不能只考虑自己的幸福,还要有责任。再说,你娶了谁,你结婚后幸福不幸福、性福不性福,关你妈什么事?她当初生你,又不是为了让你幸福。

终究有一天,你自己也会扮演催婚者的角色。可是,如果你在今天都没有听你妈的话啊,你又怎么敢指望在未来你儿子会听你的呢?

你愿意早点结婚的话,你们家和亲戚邻里的关系也会更上一层楼。

这么多年,亲戚朋友的孩子结婚时,你爸你妈不知送出去了多少份子钱,倘若你一直不结婚,这笔钱怎么收得回来呢?

结婚后,你自己幸福与幸福并不重要,重要的是,那些热情的长舌妇的闲言碎语少了(你们闹出大动静的话,另当别论），这样，你爸妈的心理压力就小了。与此同时，你爸妈跟社区里的大妈们也有了更多的共同语言，友谊也会加深。

你一结婚，你的七大姑、八大姨和社区大妈就更有充足的理由向自家的孩子和别人家的儿子催婚了：你看看谁，比你还小，孩子都多大了。

这样，别人家也能早点抱上孙子。这里面，就有你的丰功伟绩。

你们家的很多亲戚很多年都没来过你们家了，就等着你结婚的时候来凑个热闹、起个哄啥的，联络一下感情，你怎么就连这点方便都不愿意给人呢？你还会不会做人呢？

这些年，婚礼的份子钱逐年水涨船高，你早点结婚，就能减轻亲友们的经济负担。这么高风亮节的事情，何乐而不为？

你也不要对那些热衷于不厌其烦地给你介绍对象的大妈充满敌意。她们在年轻的时候遇到"文革"，上山下乡，没有条件好好读书，现在老了，只知道分享鸡汤文和养生文，而你整天看苏老师我的文章，知识水平比她们不知高到哪里去了，所以，大妈们无论多想跟你说话、跟你搭讪，都很难找到共同语言。关心你的婚姻大事是她们所能找到的唯一的"共同语言"，人家这么不容易，你难道不应该配合一下吗？

如果大妈尽管认为你很差劲，却还愿意给你介绍对象，那是因为她们有"救世主"情结，她们怕你娶不到媳妇儿；如果她们是看中你条件好，给你介绍对象，那是因为她们舍不得肥水流入外人田。

大妈给你介绍对象，主要不是助人为乐，而是她们这一辈子没干过啥大事情，给别人介绍对象，是她们所能想到的实现自我价值的一种方式。

因而，那些越是别无所长的大妈，越是热衷于给别人介绍对象中，以此获得这种"价值感"。这些大妈没有福分成为张欣（SOHO中国首席执行官）那样的女人，通过给你介绍对象来找到成就感，是她们的"终身大事"，你忍心不成全她们吗？

你拒绝介绍和相亲，是因为你还对真爱心存幻想。那就继续幻想吧，等哪一天你突然间心已沧桑的时候，你自然就会积极主动地去找大妈帮你介绍对象了。可是，如果你在今天拒绝了大妈的热情，明天你还好意思去求人家吗？

婚姻，无非就是两个人凑合在一起搭伙过日子，哪来那么多讲究？所以，别等了，随便找个人娶了吧。

⑬ 喜欢给你介绍对象的人，只是为了获得成就感

"在见到被介绍的'对象'的那一瞬间，你就明白自己在媒人眼里究竟是个什么货色了。"

看到这句吐槽的时候，我哑然失笑，说得简直太对了。

但我觉得，这句话与其说是在自黑，不如说是对媒人的一种抗议。

我一直认为，80%以上的媒人在给别人介绍对象的时候都缺乏职业道德，或者说都表现得很傻×，因为似乎他们给别人介绍对象总带着一种侮辱的性质。

看到我说"侮辱"，估计会有些人不服气。那么，来看看

这些热心的媒人的逻辑吧。大多数时候，那些过于积极主动的媒人的逻辑都是这样的：你是个正在迅速贬值的垃圾股，再不结婚就没人要了。我很同情你，因此决定做一件慈善事业，帮你解决终身大事。

关心别人没错，但居高临下地关心别人，并且为了成全自己"救世主"的地位而看低别人，这就不太好了吧？

越接近农村，媒人的文化水平越低、格局越小，这种侮辱性质就越严重。你的幸福与不幸本与他们不相干，他们也并不真正关心你的这些鸟事，但还总是喜欢把你的事拿来当作茶余饭后的谈资，这就是小市民的德性之一。

说到小市民的德性，就忍不住再补充一个"重大发现"——大叔控、姐弟恋，主要出现在大城市，尤其省会以上城市。

原因其实很容易解释：在小城市和农村，有影响力的"主流价值观"往往是原始的、粗鄙的，比如男人如果到了一定年龄还"事业无成"就会被当作垃圾股、渣滓（虽然没人敢明确地这么说），女人的年龄"过大"会被当成一种劣势；而在大城市，虽然势利和平庸仍有市场，但一方面，传统观念中的糟粕保留得比较少，使更多的人敢于追求自己想要的生活，他们"离经叛道"地成了大叔控和小鲜肉；另一方面，因为愚昧的舆论少得多，这样，大叔控和小鲜肉们在追求自己想要的生活时遭受的舆论压力（其实就是"长舌妇压力"）要比生活在小城市和农村的人少得多。

言归正传。为了"成人之美"，或者为了满足"自我实现的需求"，很多人在做媒的时候喜欢夸大实情，无论再怎么差劲的人，到了他们口中，准能变成 "优秀得百里挑一"的人。结果，有些大龄青年就被这些万恶的媒人给坑惨了。

此外，在大多数情况下，媒人给别人介绍对象都是因为媒人自己先"看上"了被介绍人双方。

反过来说，如果媒人本人没有真正"看上"被介绍人双方当中的任何一方，那这个媒人便是极其无聊、极其不负责任的。几年前，一个兄弟说他的圈子里女人太少，让我给他介绍个女朋友，我既严肃又不失幽默地说："你就别指望我介绍女人给你了，如果连我自己都不喜欢，怎么还好意思介绍给你？如果我自己能看上，我又怎么可能介绍给你？你想得真美，我会忍痛割爱吗？"

正是基于这种心理，我历来不接受单身的同性朋友尤其是铁哥们儿给我介绍对象：如果这个"红爹"自己并不高尚，那他介绍给我的女人极有可能是入不了他的法眼、不适合他的，他把自己看不上的女人推给我，不是在潜意识中认为我的品位比他低吗？如果这个"红爹"介绍给我的女人是他自己能看上的，那根据我"性幻想瞬间即标准"的逻辑，媒人其实是把他自己的意淫对象介绍给我了，我心胸又不开阔，怎么可能接受我的女人继续被他意淫呢？（不过，对这种现象，我的小伙伴GL有一个说法：一想到他们只是意淫，而我却是真的拥有，我就有了一种庸俗的优越感。）

还有件事。

去年有一次，我在朋友圈发了一句："何以沦落至此？"随后，很多朋友包括一些一直不怎么在微信上说话的人都来问我："怎么了？"可见，短短几个字把很多人给吓着了，他们确实以为我出了啥大事。其实没啥大事，当时是以不严肃的口吻写的。

事情的缘由是这样子：那天，一朋友说给我介绍对象，然后媒人问到我的"条件"如何，也就是车、房等经济基础层面的问题。虽然我也不是十分幼稚，但突然被问及这么现实的问题时，我还是着实被吓了一跳："没想到，我竟然也沦落到要靠房和车来泡妞的程度，这到底是有多惨！"

我之所以认为靠"条件"来泡妞，是一件有损格调的事情，当然并不是因为自己穷。诚然，我并不富裕，但像我这种一年能完成三本书、一本书稿会有二三十家图书公司（出版社）来争抢、一个月能收到超过一万块钱打赏（两年后）的作者，以后肯定也不会穷到哪里去。

之所以反感媒人问我条件，是因为我觉得，找对象难道不应该是凭借情怀吗？要说条件的话，趣味才应该是一个人的核心条件吧？

一个妹子曾经说过："你用了怎样的方式，会决定你能泡到的是怎样的妞。"意思也就是说，凭借媒人口中的条件，泡来的妞也高不到哪里去。因此，我认为这个媒人的提问已经构成了对我的侮辱。

不以拙劣的方式给人介绍对象，是一个文明人最基本的修养和情商。

跟介绍对象一脉相承的是，一些低情商的人特别喜欢给别人传授"泡妞技巧"。

去年有一次在单位食堂吃饭时，有两个好为人师的人来积极热情主动给我传授"泡妞技巧"。我并未像他们所预期的那样表现出一副感恩戴德的样子，而是一言未发。当时，一个在现场的人说："××估计在心里冷笑。"

事后，我非常激动地对那个人说："你真是个懂我的坏人。当时，我确实在冷笑。"

我之所以冷笑，有两个原因：

一是你们哪儿来那么大的自信，认为自己居然有资格来指导我？

二是在你们眼里，我到底是有多差劲，以至于你们也敢拿那么没有技术含量的技巧在我面前秀优越感？那么low（低级）的招式，也就只能拿来对付一些没见过什么世面也没啥品位的无知少女了，可我的作战对象是高知少女啊！

通常，好为人师的都是一些混得不怎么好、无法从大事上获得成就感的人。

说得不礼貌一些就是，只有loser（失败者）才好为人师。因此，每当一些男人试图将很low的泡妞招式当作经验之谈传授给我的时候，我便断定，他们这一辈子没有接触过一个真正有水平的女人。

现在，我们来看看，高情商的人都是怎么做的吧。

那些跟我关系最密切、情商最高的朋友，绝不轻易给我介绍对象，更不会来指导我怎么泡妞。因为，他们知道我是一个不识好歹、不领情的人。

也有极个别兄弟会不厌其烦地给我介绍对象，可我明白，他们绝不是本着"你也老大不小了，再不结婚就变成垃圾了"的精神给我拉皮条。相反，他们的逻辑是：你这么优秀，居然还单身，真是天理难容；或者，肥水不流外人田。

尤其是一个成都的兄弟，他多次给我介绍对象，甚至把他妹妹介绍给我，其目的是通过美人把我挽留在成都；而苏州的兄弟也在努力地给我介绍对象，想通过女人把我拉回苏州。像这种介绍，不管能不能成，我都很领情、很感激。

有一次，我妈在电话上说要介绍一美女（老妈一闺密的女儿）给我，还特别强调对方正是她理想中的儿媳妇的样子。她老人家还表达了这样一个意思：她想把那美女介绍给我，并不是为了完成任务（听到不是为了完成任务，我如释重负），而是因为她觉得那女孩太完美了，她太喜欢了，而且认为只有自己的儿子才能配得上她。

她这么一说，我是不是就没有很强的抵触情绪了？

我也曾有过给别人介绍对象的经历。有一次，我在电话上告诉我的男神：我爱上一个女人，但我觉得自己配不上她，要不要介绍给你？据说，他喜极而泣。尽管主旨也是介绍对象，但我表述的逻辑却是我很爱她，但我觉得自己配不上她，所以才介绍给你。

这等于一句话拔高了三个人——她确实很优秀，很可爱；你比我更能配得上她；我很高风亮节。

鉴于大多数情况下，"介绍对象"这种事都显得特别无趣，有一次，我在朋友圈发了这样一段话：

换作我给朋友介绍对象的话，我一定不会提前将我的打算告诉双方当事人——不事先告诉他们"要给你介绍对象了"，只是假装带朋友在一起玩，制造"巧合"让这俩"不明真相的群众"见面，然后"临时"增加八卦话题，让他们喜欢上彼此，或让其中一个产生追求另一个的欲望。

这样一来，他们就会产生一种"无心插柳""一见钟情"的错觉，感觉很有意思。相反，试想，若双方事先都很清楚自己是要去"见对象了"，那么，一般来说，他们见到对方后的表现一定不自然，一方面是在刻意地审视别人、对对方做出一些无病呻吟的解读，并且自己的某些言行要么伪装要么夸张，或者不得不忍受无话找话的无聊和尴尬；另一方面，既然已经都很清楚彼此的意图，那么，就没有悬念了，而这种"直奔主题"的做法，往往缺乏趣味性。

对此，广大人民群众纷纷称赞我是个情圣。

自卖自夸到此为止。现在，总结一下本文的中心思想：学会正确地给人"介绍对象"，是提高情商的第一步。

你这么不识趣，别人凭啥要跟你聊天

前面几次聊到情商，主要是指这个人会不会说话，但是情商绝不局限于"会说话"。它还包括"在不该说话的时候绝不说话"等多种"消极不作为"的情形。

下面，就说说几个我自己遇到的例子吧。案例虽然来源于社交网络，但实际上，我们每个人的身边都有不少这样的人，他们就是你的同事、同学或邻居，请尝试着对号入座：

1

刚写完上一段，微信上就收到一个粉丝的留言：你为什么总是不跟我聊天呢？怎么不说话呢？聊聊天吧。

注意，她用的是"总是"，背后的潜台词是，她已经连续很多次给我发过跟我聊天这种呼吁了，但基本上从未收到过我的回应。唯一一次例外，是我当时刚好在线，她问了句"可以跟你聊会儿吗"，我以为她真有什么事情需要帮助，就问了句"啥事儿"，结果，她回给我的是一些毫无意义的话。

你问我为什么不跟你聊天？可我想问的是，我凭什么要跟你聊天？你以为自己是美国的华莱士吗？倘若你是美国的华莱士，如果我有过跟你聊天的经历，可以出去对别人装×，可惜你不是。

我平时很少主动跟人聊天，但倘若我给别人留言，对方一般都是秒回，因为在他们心中，我就是"中国的华莱士"。

__2

前几天，还收到一条留言：竟然不回复粉丝留言，你要大牌啊？

我平时实在太忙，除了分享自己推送的文章，很少上微信，如果上去的话，有很多待打开的留言。基本每条我都会打开，但只有这几类会回复：确实是有事情需要帮助的、关系亲密的；内容趣味性很强的、私发红包的。关系一般、内容又没趣味性、问我怎么还不发红包的，我是不会回复的。
真没时间。

这个指责我"耍大牌"的人，就是因为我觉得他的留言实
在没啥回复的必要。不过，你既然都自称"粉丝"了，那我耍
大牌也无可厚非啊，你还有什么不满意的？

▅3

光棍节那天，有一个人在15分钟内连续给我发了两条
"我单身，给我发个红包吧"，我什么也没说，直接就把他
拉黑了。

开玩笑当然没错，问题是，咱俩啥关系啊？你跟我开这种
玩笑，还连续发两次。一般第一次我都不会计较，包括对那些
"好友清理测试的"。谁还没有犯傻的时候呢？但接二连三地
犯傻就不对了。

此外，这就跟"帮我朋友圈点个赞"一样，关键得看你是
我的什么人。你是我的粉丝，我又不是你的粉丝。在这种关系
中，粉丝属于弱势的一方，"偶像"属于强势的一方，发号施
令的应该是后者。亦即，倘若是我找你帮忙或问你讨红包，也
许是"天经地义的"，但连我都没有"滥用优势地位"，你凭

什么相信我会听你的？

尽管这样说并不好听，但这才是合乎情理的逻辑。

___4

还有更极品的。有一次，有人在微信上向我提问，我在两个小时之后才看见。我用心地看写了答案回复他，却发现"对方已开启好友验证"。

我没有生气，只是觉得这人实在太可怜了。我当时的第一反应，是想到《天龙八部》中马大元的老婆康敏勾引乔峰，乔峰不从，她便翻脸了。

___5

有个读者通过其他转载我文章的公众号，顺藤摸瓜找到我，还问："你能猜得出我是谁吗？"我还以为是哪个故旧，但她这问题一点水平都没有，没有任何信息，你让我猜，我看不出乐趣在哪里。所以，我干脆没猜。然后，她自报家门："鄙人××，见过苏才子。"

我想起来是几年前在人人网上的粉丝，不过，她貌似删除了我。于是，我直接回复了一句："你不是删除了我吗？还对我冷嘲热讽过。你找我干吗？""没想到你这么记仇！我删除你，是看你会不会再加我。"

无语，我跟你连半毛钱的暧昧关系都没有，你做这种"试探"，不是太无聊吗？"呵呵，那你是把自己看得太重要了。删除了我的人，一般我都直接拉黑。不给她再加我的机会。"

说完这句话，我就再没搭理过她。

过了两天，她又问我："你当记者后，一个月挣多少钱？"

奶奶的，你跟我什么关系啊？我一个月挣多少钱，这种事是你该问的吗？

＿6

连续好几天，一个从没交流过的人接二连三地给我发鸡汤文，我从未回复过。

有一天，出于好奇，我进他的QQ空间一看，签名惊人，竟然是"切莫交浅言深"，这不是打脸吗？

然后，我就把他拉黑了。

在上面的这些案例中，我为什么不喜欢跟当事人聊天？因为，我跟人聊天是很功利的，要么有趣，要么有用，既无用又无趣的聊天，我肯定是不会聊的。但有些人，我分明已经流露出了我"我对你没兴趣"的意思了，可他们似乎还越挫越勇，这就太不识趣了。

想起几年前有朋友问我，××拒绝了你，你咋不问一下她究竟对你哪里不满意？

我说："人家不明确告诉你她为什么不喜欢你，是照顾到你的自尊，这个时候如果你再去追问，可就是自找羞辱了。这么不识趣的事，我做不出来。"

那些喜欢问"你为什么不跟我聊天"的人，也应该有这种觉悟。

现在，很多人都在讲"做一个有趣的人"，但事实上，有趣是奢侈品，相比之下，识趣是一个更低的标准，是一种做人的基本底线。如果你还无法高到有趣的程度，那就先做一个识趣的人吧。

有趣，含义很宽泛，我也没法下个定义，但识趣似乎要简单得多：要辨识出别人对你有兴趣还是没兴趣，如果别人对你没兴趣，你最好闭嘴；否则，就是自讨没趣。**识趣的人，未必有趣；但有趣的人，肯定是识趣的。**

倘若无法辨识出别人对自己究竟有没有兴趣，还愣头青地"大干快上"，那就是不识趣了。不识趣的人，比一般意义上的"无趣的人"更加令人难以忍受，并且，他们自己也常常会"莫名其妙"地受伤，根本不知道问题究竟出在哪里。

除了上面说的那些例子，在日常生活中，我还遇到很多人，他们对我说十句，我才回一句，甚至连一句都回不了，但他们还继续保持跟我说话的热情。这就"太不识趣了"。

具体地说，常见的"不识趣"，主要有以下几种：

第一，恋爱中的死缠烂打。除非被追求者心里默许，只是嘴上拒绝罢了。可是，这种"不识趣"竟然被很多无脑的人奉为圣经，并拿去指导别人。

第二，好为人师，热衷于介绍对象。

第三，不厌其烦地改造"非我族类"者，通过低智商的"善良"来劝别人应该如何如何。似乎越没思想、智商一般的人，越热衷于这样做。

有趣的、能干的人，很少主动去改造别人（有自知之明）。仅仅只是当别人好为人师来干涉他的时候，他才会起来反抗，或者预料到自己即将被干涉，先发制人。

第四，给别人的热情泼冷水、用残忍的"揭穿真相"来破坏别人的幸福感。

第五，轻率地打听别人的感情、收入等方面的事情。有些事情不是不能对外人说，而是不能对你说。你得先掂量一下你在人家心目中到底有几斤几两。

通常，遇见无趣的人，我们尚可逃避。但要是遇见不识趣的人，那可就惨了，因为他们具有极强的"进攻性"，让你无处可逃。不识趣，是一种犯罪。不识趣的人跟别人聊天，会让对方特别难受，因此，别人一般都不愿意跟他们聊天。

好了，批判完不识趣的人，现在，我来举例说说识趣的人都是怎样"勾引"别人跟自己聊天的。

A. 某次，在微信上收到一个之前从没搭过话的读者的红包，红包的封面上写的是"阅读费"，金额20元。平时给我发红包打赏的人很多，因此，这个红包并无显眼之处，但关键是她在发完红包后还很用心地写了一段话：

"您好，白看您好几篇文章了，良心实在过意不去，聊表心意，还望别嫌弃，希望能看到您更多的原创文章。另外，我想说的是：不论您的观点是否符合大众的口味，那仅代表您个人的口味，聪明人看完后自当心里有杆秤去衡量，对于后台那些不好的评论，您也不用放在心上，继续做那个特立独行、敢于发声的犀利之人，这个社会也需要您这样的人。"

这么说吧，看到这段留言，我恨不得立刻以身相许。

B. 上个月下旬，有一个土豪一次性打赏了我1000元。

原创公众号上系统自带的打赏功能，金额上限是200元，但那次我并未启动原创标，因此也无法用系统自配的赞赏功能，而是附上了二维码，所以可以不受金额限制。

这个土豪是10月底在校友会上认识的一个师兄，在现场，我们只说过不到五句话，在微信上，说话也不超过十句吧。因此，他给我打赏这么多，让我深感意外。

激动之余，我对师兄说：“这么多年来，我从未对别人有过'相见恨晚'之感，但今天，我真想对你说一句'相见恨晚'。我爱你的人，但我更爱你的钱。”

举这些例子，主旨无非一个：只要你愿意给我很多钱，再加上有趣，我还是很乐意跟你聊天的。

PART 03

现实很残酷，
你要越来越牛×

　　似乎越有出息的人，越不指望自己的父母、兄弟、亲戚能给自己的事业提供多少帮助，要么是觉得没这个必要，要么是他们的自尊心不允许他们这样做。对于这些人来说，白手起家，凭借由自己搭建起来的朋友圈相助，才会更有成就感一些。

❸ 你越有本事，你与别人的感情就越纯粹

"我们这一代人，跟父母兄弟的关系，与上一代人跟父母兄弟的关系有什么不同？"这真是个有意思的问题。恰好，那几天我正在看一篇题为《再读〈水浒〉之发现武松》的文章，里面提到武松和武大郎的关系，两者结合起来，会发现一些很有意思的结论。

上一代人，以及之前的N代人，养儿防老的观念很重。这也就是说，他们多生孩子并不仅仅是因为爱孩子，还有一些功利的考量。因为有功利的考量，所以，他们对孩子的爱并不纯

粹，除了通常意义上的父爱母爱之外，还多了一层"希望他能回馈我"。

这种对回馈的期待，既有物质上的，也有精神上的——如"我儿是李刚"等种种"扬眉吐气"。我们这一代人成长于后工业时代，社会保障日渐发达，而且即便养老金不够用，大部分人用自己的积蓄也够给自己来养老了，因此，我们对孩子这份"保险"的需求度降低了，我们生孩子，就仅仅是因为自己喜欢孩子。

因为上一代人及前N代人对子女回报自己有期待，因此，他们望子成龙、望女成凤的愿望必然很强烈，这也就是为何虎爸虎妈会屡见不鲜了。这些望子成龙的父母，更关注的不是子女能否幸福，而是子女能否给他们自己带来幸福。相比之下，我们这一代人更关注的是孩子的幸福；我们的幸福需要自己去奋斗，而不是靠孩子来回馈或保障。

两年前，曾有一位同事提出了一个很有意思的现象："我们这一代人，好像没有我们的父母那一代望子成龙心切了。"

我说："这是因为我们这一代认为自己比我们的父母要成功。"

"你的意思是，我们这一代中，那些认为自己不成功的人仍然在望子成龙？"

"应该是这样的吧。我的感觉就是，父母越不成功，望子成龙之心越切。"

半年前，看到大象公会的文章《为什么红后代喜欢起名叫ABB》，印证了我之前的猜测。那篇文章提到一个很有意思的现象，说红二代取名字，"A小B"结构的特别多，如×小鹏、×小琳、陈小达、李小雪、李小峰；红三代取名字，"ABB"结构的很多，如罗点点、×瓜瓜等。但无论是哪种结构，都有一个共同特征：并无中国人起名时郑重其事地寄托期望或表达志向之意，显得极为随意。

为什么影响中国现当代政治走向的群体，反而在给孩子起名时完全不沾政治色彩，而且完全不带有寄托美好希望和寄托的痕迹？

答案或许很简单。

只有普通人才会希望自己的孩子能超过自己，有远大前程，所以中国起名常用字多为表达美好祝愿的形容词和名词，如"伟""刚""强""丽""芳"等。而1949年后A小B的父辈们身居中国顶层社会，对子女的人生道路并无特别期待，不会指望他们还能比自己更优秀，对子女的态度更多是宠爱。他们很容易被视为父辈小一号的复制品，得名A小B是极为自然的事情。

也就是说，社会上层对孩子的感情没有像普通家庭那么功利。

另一个可以佐证的现象是：社会下层更喜欢用"不孝有三、无后为大"这种简陋的观念压榨子女，在他们看来，子女的主要价值，就是多下几个崽子，传宗接代；在这些父母的世界里，子女完婚、生孩子，并不是子女的终身大事，而是父母的"终身大事"。相比之下，社会上层则更加能够包容甚至纵容子女去追求自己的人生，而不是单纯地局限于他们的"动物性本能"。

沿用前面提到的"我们这一代人比我们的父母成功"的逻辑，二三十年后，当我们这一代人的儿女到了"适婚年龄"的时候，我们中的大多数必然不会像前N代的父母们那样"没有格局"。

之前的N代父母在跟子女的关系中，主要以两种形象出现：领导或奴仆。（当然也有很多例外，但这种例外多出现在一些高级知识分子家庭里，如钱基博、刘墉、周国平等，跟自己的孩子就像兄弟朋友一样）到了我们这一代，更多地受到了西方文明的"污染"，我们"终于受够了"前N代父母们的做法，因此，当我们有了孩子的时候，我们会争取跟孩子像朋友一样相处。当然，在城市比农村更容易做到；在父母学历高的家庭，也更容易做到。

我们的上一代人，在孩子成年后，父子之间、兄弟之间，对财产的问题看得比较重，很计较某些细节。但我们这一代人无论是对父母还是兄弟，都更注重亲情，而对物质利益要比上一代人看得淡。上一代人中，兄弟之间为了分家产而闹得鸡飞狗跳的事比比皆是。但在我们这一代人这里，这种事则要少得多。

十年前，我妈在我们镇上买了440平方米土地，后来建小产权房，签合同前，为了长远的便利，我建议直接写成我弟弟的名字，而不写她的名字，这样大家都轻松。八年前，我刚毕业的时候，没钱交房租。有一天晚上，一查，卡上只有33元钱，连忙给我弟弟发了条短信："我的卡上，有33块。"我弟弟很干脆地说："我明天打给你3000，不用还了。"其实，那个时候，他每个月工资也只有2100元。

类似的事情，在我的朋友中也有很多。

当然，出现这种差异绝非仅仅因为我们这一代人的"思想境界"比上一代人高，而是社会进步了，现在大家都没以前那么穷，不会为了争夺一点可怜的物质利益而付出亲情的代价。

中国文化中有句俗语叫"在家靠父母，出门靠朋友"，其实这里的"父母"也可以延伸到兄弟、亲戚等"血缘共同体"；朋友则更多是靠"臭味相投"而走到一起的伙伴。很少出门的人或者尽管也经常出门，但搭建人际关系的能力比较差的人遇到事情，主要是靠父母、兄弟、亲戚等出手相助；而江湖经验很丰富的人，则主要是靠朋友。事实上，一个人的圈子越广、能量越大，便越不可能"靠父母"——当然，父母是官一代、富一代或某种神通广大的人物的要另当别论。

在《水浒传》中，武大郎跟武松兄弟俩的几段对话，很能说明这种区别。

当武松成为打虎英雄并与哥哥重逢之后，哥哥讲了这样一段话：

我怨你时，当初你在清河县里，要便吃酒醉了，和人相打，时常吃官司，教我要便随衙听候，不曾有一个月净办，常教我受苦：这个便是怨你处。想你时，我近来取得一个老小，清河县人不怯气，都来相欺负，没人做主；你在家时，谁敢来放个屁？我如今在那里安不得身，只得搬来这里赁房居住：因此便是想你处。

而武松后来进东京办事临行时对哥哥武大则有这样一段嘱托：

你从来为人懦弱，我不在家，恐怕被外人来欺负。假如你每日卖十扇笼炊饼，你从明日为始，只做五扇笼出去卖；每日迟出早归，不要和人吃酒；归到家里，便下了帘子，早闭上门，省了多少是非口舌。如若有人欺负你，不要和他争执，待我回来自和他理论。

武大对武松的感情中，既有嫌弃，又有"我需要你来保护"；而武松对武大的感情，则纯粹是爱，是呵护欲。弱小者对比自己强大的人的爱，常常夹杂着依赖感；而强者对弱者的爱，则更多的是纯粹的爱，或者自我实现的需求。

说到兄弟之情，我还想起一个很有意思的故事：几年前，一个同学的弟弟毕业求职，因为跟我特别熟悉，因此他给我打来电话给我，问我能不能帮他介绍一份工作。我说："你哥资源那么广，你咋不让你哥介绍呢？"

结果，这位兄弟说："不能让我哥介绍。如果我的第一份工作是我哥介绍的，以后，别人会说，我是站在我哥的肩膀上成功的，没有成就感。"

我当时开玩笑说，一定要把你这句话告诉你哥。

似乎越有出息的人，越不指望自己的父母、兄弟、亲戚能给自己的事业提供多少帮助，要么是觉得没这个必要，要么是他们的自尊心不允许他们这样做。对于这些人来说，白手起家，凭借由自己搭建起来的朋友圈相助，才会更有成就感一些。相反，那些没有出息的人，特别注重父母的"有用性"，他们喜欢"恨爹不成'刚'"，甚至，连父母不能出钱给自己买房娶媳妇，也成了怨恨父母的理由。

与前N代人相比，我们这一代人普遍能够轻而易举地做到出门靠朋友。我们跟父母、兄弟、姐妹之间日常交往的减少，主要是因为"互助的需求"下降了。此时，我们跟父母兄弟的交往，反而更容易回归到纯粹的感情上。其实，这不仅是这一代跟上一代的区别，也是城市跟农村的区别，是商业文明跟农业文明的区别。

前些年，农村里的一些老人在进城后常常感慨城市里人情淡薄；再后来，常常在网上看到，一些出了国的人感慨发达国家里人情淡薄。可是，难道真的是城市人比农村人更没有感情、发达国家的人比中国人更没有感情吗？

也许，真实的原因是这样的：与后者相比，前者是一个更讲究规则和秩序的场所，规则和秩序要严格执行，人情味便会打折扣。对一些还不能够适应文明社会的人来说，这当然是无法忍受的，因此，他们以"人情淡薄"来表达自己的不适应。

在城市和发达国家等文明程度较高的地方，真正"淡薄"的，并不是"人情"，而是"人情世故"。与文明程度较低的地方相比，在这里，利益较少披着"人情"的面具出现，人们较少拿利益来玷污人情，因此，人情反而会显得更纯粹一些。

❸ 越有思想的人，越容易"毁人三观"

小时候看《天龙八部》，特别讨厌阿紫，觉得这样的坏女人简直就该千刀万剐。但长大之后，每次看《天龙八部》的时候，最喜欢的角色便是阿紫。

这是怎么回事？我曾经把这个困惑告诉过一个朋友，她的解释是："这说明你的道德水平下降了。"

或许是吧。但在看了《鲍鹏山新说水浒》之后，我方才明白，准确原因其实是，我的思维水平提高了、价值观多元化了。

当武松对他遇到的某个女人（具体是谁我记不清楚了，但

确定不是潘金莲）进行道德审判的时候，鲍老师做了这样一句
点评："思想越是单纯的人，文化水平越是低的人，思维水平
越是低的人，往往他的道德意识反而特别强，特别倾向于从道
德的角度给别人贴标签、对别人下判断。"

不能再同意更多了。

初次看到这句话是在六年前。当时的第一反应是想到了很
多网民对张维迎和范跑跑的人身攻击，因为这几个"大嘴"的
言论实在太容易毁人三观了。其实，在大二之前，文化水平和
思维水平都很低的我对别人的评价也是"道德至上"论。此后
逐渐转变，大概是我认为对历史人物不能单纯从道德的角度评
价，还要看其贡献吧。

不过，鲍鹏山所说的"思维水平越是低的人，往往他的道
德意识反而特别强"，这个并不准确。不是说思维水平低就道
德意识强，而是因为他的思维水平低，想不到其他的评价标准
和标签，结果道德标准几乎占了评价标准的百分之百。除了道
德之外，他手里没有别的武器。

因此，这种"道德意识反而特别强"应该改成"反而显得
道德意识特别强"，只是自己的道德意识与自己的"其他意
识"相比的比重高，而非比"他人的道德意识"强。王小波曾

说过："对于知识分子来说，成为思维的精英，比成为道德的精英更重要。"大概也是这个意思吧。

小时候看电视剧，无论是武侠剧还是历史剧，都特别喜欢问这个人是好的还是坏的。但长大后越来越发现，那种非黑即白的划分法很幼稚。

现在，我认为道德标签是个有严重缺陷的东西。只有在那个顶级聪明的群体里面，才存在"好人""坏人"及"难以定性"的区别；在此以下者，人并无好坏之分，我们通常所认为的"坏人"，其实一律都是蠢人，所谓"好人"，也不过就是智商中等偏上的人。

当然，与好坏的划分相比，我更愿意把人划分为精彩的人与不精彩的人，或者有趣的人与无趣的人。我常常讲，"我宁可喜欢能懂我的敌人，也懒得搭理不懂我的朋友。"

这句话我曾在很多场合讲过，被有的人统一概括为"宁可喜欢能懂我的坏人，也不喜欢不懂我的好人"。

有一次，一个人问我："你前几天不是说过我是'最'吗？今天怎么又说别人是'最'了？"

我委屈地解释道："我说过'你是懂我的坏人'，却从未说过'最懂'。"

后来，我又想，假如我对很多人说了"你是个好人"或"你吃了没"或"我爱你"这样的话，则没有任何一个人会吃醋说"这样的话你也对别人说过"。

这种差异说明了什么呢？对于经典的甜言蜜语，人们希望是在自己这里"首发"，并且是只在自己这里发。但如果没什么新意的话，你哪怕对一万个人发表过，他们也不会计较。

现在，再回头来看文章一开始的问题。阿紫确实一肚子坏水，是一个很邪恶的品种，但她又着实有着极致可爱的一面。阿紫就是我所说的那种"有趣的坏人"。没有一颗小小邪恶的灵魂，哪来有趣的人生？

当然，阿紫这样的形象如果出现在我的日常生活中，我未必喜欢，可能对她一点欲望也没有。但作为文学形象，阿紫超级棒。所以，真正可爱有趣的，不是阿紫，而是金庸大师。

但是，金庸把一个邪恶的坏女人写得如此可爱，他是不是太"三观不正"了？的确是。不过，有思想的人通常都是"三观不正"的人，甚至一个人越有思想，便越可能"三观不正"。比如，鲍鹏山这个有思想的人居然说"文化水平越低的人，道德意识反而比较强"，这明显太"三观不正"了。

曾经在网上看到过一个问答："跟聪明人相处是一种怎样

的体验？""自己的三观不断被摧毁，然后又重建。"放在本文的语境中的话，就是：有思想的人，常常"毁别人三观"。

朋友徐玮曾告诉过我，她最初看到我写的《嫁给不靠谱的男人，是最伟大的理想主义实践》和《越是有价值的媳妇，娶起来越便宜》两文的时候，也有这种感受。

但同样是徐玮很喜欢的那两篇文章，也有不少人看了后用各种语言对作者进行恶毒的攻击。这说明了什么？不同的人，对"毁三观"这件事的承受能力是不一样的。从临床经验来看，往往越有思想的人、聪明的人、善于反省的人，也更能够、更有勇气接受自己的三观被别人摧毁，然后再重建；至于其他人，倘若有一个"三观不正"的人敢去毁他的三观，他就像要被夺走生命一样无法忍受。

在日常生活中，有思想的人往往会因其"三观不正"而被别人说三道四。不过，当你说人家"三观不正"的时候，你何曾明白，在他自己的圈子里，他的三观其实很正，你引以为自豪的"正确的三观"放到他的圈子里，反而不正。

因此，不是他的"三观不正"，而是你的三观太low、你的圈子太low。再说，有思想的人常常要引导别人的三观，甚至时代还赋予了他们"往高层次带人"的使命感，他们怎么可能向你们那"正确的三观"妥协呢？以前有朋友问我择偶标准是什么，我说的第一条就是"三观不能太正"。可见，"三观正"在我的词典里并不是个褒义词。事实上，三观太正的人给我的印象，往往都是特别无趣。

在对各类人群做过冷静的观察分析后，我发现，共享着同样的"正确的三观"的，通常都是同等智商的人；共享着同样的"不正的三观"的，也基本上是同等智商的人。所以，我不太喜欢"三观不正"这种说法。

不就是智商不同、思维方式不在同一个层次上吗？何必要说得这么"软绵绵"呢？

我的亲密战友GL，就属于那种"三观不正"的大侠。有一次争论一个问题，我说他三观有问题，结果，这兄弟来了一句："文章不偏激，则没有价值。""三观太正的人，不能当作家，只配做编辑。"他之所以对我这样说，因为我就是编辑。在他眼里，我太low了。

黑得好。他这句话也偏激，但我非常喜欢——我宁可喜欢错得深刻，也不喜欢对得肤浅；宁可喜欢错得有意思，也不喜欢对得无聊。不过，GL的话说得并不到位。三观太正的人并不是只配做编辑，他们还非常擅长做"吹毛求疵家"。不过，最适合他们的工作岗位，也许是在"真理部"吧？

在我向GL征询如何确定这篇文章的标题的时候，他又甩给了我一句话："三观正的文章留给没有三观的人洗脑，三观歪的文章留给三观正的人追捧。没有三观的人和三观歪的人，被大众混淆。这是个链条。"

妈的，太经典了。

不过，这句话并不完整，也许三观正的人在与"不正的三观"相遇互殴，会发生分化——有的，缴械投降了；有的，则继续坚守阵地。

❸ 早就看透你了，但我依然爱你

最近，一个同学突然迷恋上了心理学，甚至到了走火入魔的程度。我开玩笑提醒他："心理学这玩意儿，看太多有危险。看太多了，你会觉得人人都有病，甚至连你自己也有病。"

同学说："是啊。不过估计我还达不到那境界，我属于还浑浑噩噩的人。至于你嘛，可就危险了。"（有很多人认为，最适合我的职业是心理咨询师，尽管我并没有读过心理学方面的书。）

"我还好了。我已经'通透'了，已经达到一种境界了——我能够接纳这个世界的不完美。"我发现，我在自吹自播的时候从来不会脸红，因为我深深懂得，我有这个资本，我配得上一切赞誉。譬如，以前我还对某人说："请不要把我想得跟其他人一样，因为我身上有圣人的一面，他们都比不了。"结果，对方非但没鄙视我不自量力，反而补充道："我早就发现了，你确实有圣人的一面。"

好了，吹牛可以暂停一下。现在，我们来聊聊这个"通透"的含义。

三年前，一个兄弟问我："你是不是对别人太苛刻了，因此，没有人敢靠近你？或者，刚一靠近就被你给吓跑了。"

这不仅是他一个人的判断，而且也是很多人对我的判断。然而，这种判断仅仅是一个误解。他们说我对人太苛刻了，其实这无论拿来描述我的爱情观还是友情观都是错的。

我跟所有人的交往都遵循"严进宽出"的法则，无论男女。

我的交友门槛确实很高，不管是有用也好，无用也好，但必须要有趣；同时呢，我的门槛也很低——只要有趣就够了。我不会像某些社交达人那样喜欢"滥交"（把每个人都当朋友），然而，一旦我开始对某个人掏心掏肺了，再往后，无论他多么不完美，只要不踩到我的雷区（功利心太强、长时间迷恋低级趣味、肤浅无聊），则面对他的不完美，我的内心里总会有一个"吃里爬外的小人"来替他辩护。几乎每次，那个"小人"都能大获全胜。

反倒是那些跟谁都能成为朋友的人，他们只不过在刚开始的时候容易接纳别人，但在日后遇到分歧的时候，变脸也很快。

对比之下可以发现，我交友的原则就像国内的一流大学招生——录取分数很高，然而进来后，无论你怎么混日子，只要别太过分，都能"毕业"；后面一种人的交友，就像欧美的二流大学，录取很容易，然而毕业却很难。

把交友法则跟大学的招生法则扯到一起，这个类比很有意思。如果把交友法则换成恋爱法则的话，我们会发现现在年轻人的恋爱观至少可以分成以下四类：

1. 饥不择食

这种人很容易跟一些猥琐、无趣的异性搅和在一起，并且以后即使不再喜欢对方，也不会（或者不敢）提出分手。如果只是"互相不嫌弃"倒也罢了，但这样的人在一起往往互相抱怨，然而，在抱怨对方的时候，他们却很少去反思自己的品位。

2. 品位一流

绝不轻易接纳一个异性，不过，一旦选中了某个人，便不大会甩掉对方，因为自己的品位不错，能被自己看中的人一定是很出色的。

3. 易进难出

很容易喜欢上异性，但真正相处起来便无比挑剔，很快就把对方给甩了，以至于形成"习惯性分手"。这就像是国际二流大学，宽进严出，差不多的学生都可以进来上，但想毕业的话却没那么容易。

4. 难进难出

在一群特别出色的、正在排队的异性中千挑万选，但即便是哪个异性最终过关斩将赢得了女神（男神）的芳心，也不意味着就可以高枕无忧了；相反，在以后的相处过程中，女神（男神）还是会以高标准来挑剔自己。这就像国际一流大学招博士，你很难进去，即使好不容易挤进去了，也很难毕业。

第一种和第三种，往往是恋爱饥渴症患者，他们既坑别人也坑自己；第四种，自保意识特别强，他们绝不会允许自己吃亏，但他们也常常坑别人；第二种，既不想坑自己，也不想坑别人，但他们很可能被第三或第四种中的任何一个给坑掉——

假如对方会"看错眼"的话。

如果说第一种人是没品位的人的话，那么，第三种和第四种则是完美主义者了。不过，他们的完美倒不是苛求自己完美，而是苛求别人完美，甚至自己都做不到的，还希望别人能做到。

第四种人是"事前完美"，对入不了自己法眼的人进行高标准淘汰，那么，在关系确立后再淘汰的概率就降低了一些；第三种人则是事先没品位、事后完美，坑人的指数最高。

我们常常发现，总有些品位有问题的人会被一些明显是人渣的家伙迅速搞定，然后过不了多久就被对方甩了，或者自己先把对方甩了。然后，再向朋友各种哭诉和埋怨：为什么会这样？

一方品位有问题，另一方来者不拒，当这两者碰在一起时，往往能迅速黏到一起。然而过不了多久，他们就开始互相腻烦、互相嫌弃。这应该是两个"第三种人"的互相勾搭和互相伤害。

第三种人的"事后完美"，也并不是一个好品质。事实上，自己越不完美的人，便对别人身上的缺点越敏感，对别人越挑剔。以前，在我自己还很差劲的时候，我眼里容不下一点沙子，看谁都觉得不顺眼。后来，自己的素质提高了，便越来越能够感知到别人身上的有趣可爱之处。

毫不隐晦地说，我就是"坑爹指数最低"的第二种人。事先的高门槛，是为了不委屈自己；事后的高宽容，则既让别人轻松，也让自己轻松。并且，因为前期的门槛高，正式交往的对象都肯定是合乎自己的口味的，不存在中途反悔，这样，后期再挑剔的概率也降低了。即便后期发现了对方身上的很多不完美，但因为前期的"核心标准"是满足的，那么，这个时候对方所有的"不完美"就都不是问题了。

以前做高考英语模拟题，我最擅长的题目是短文改错。凭着敏锐的洞察力，我常常一眼就能看穿别人的不完美，但这又能怎么样呢？每当这个时候，内心里的那个"吃里爬外的小人"就告诉我：

"看上去全是优点的人，可敬，但不可爱；对于一个出色的人来说，缺点是其优点的点缀，正是缺点才让他'有个人样'，显得更加可爱。对于这些人来说，他们的优点让他们的缺点得到宽恕，而缺点又反过来让他们的优点更加耀眼，在他们身上，其缺点和优点构成一组奇妙的和谐。"

比如，我向来只对那种"不食人间烟火"的人感兴趣，而不喜欢与很俗气的人打交道，我"清高"的美誉大概也是因此而得来的吧。但有几次，当我发现自己心仪的姑娘偶尔也会"俗气"的时候，我竟然非但没有失落，反倒还有点惊喜——原本觉得她高不可攀，可远观而不可亵玩，但当发现原来她也有俗的一面时，我便窃喜：你一俗，咱们不就平等了吗？我不就更有机会了吗？当然，这不仅是我的思维方式，另一方面也是因为，她连俗也俗得那么可爱。（不过，俗得可爱有个基本的前提：本来的素质就不错。俗人的俗，就只能是俗，只有那些"不食人间烟火的人"的"偶尔一俗"，才会更可爱。）

"第三种人"和"第四种人"往往把他们的完美主义当成理想主义，那么，我来纠正一下他们吧：

完美主义给人的感觉往往是跟理想主义"气质上相似"，但仔细一比较，我们发现，两者实际上大相径庭——

大抵，完美主义者侧重于追求结果的完美，而理想主义者更侧重于追求那个过程所释放出来的意义。完美主义者往往害怕失败、"输不起"，一旦不能如愿便极容易陷入沮丧的情绪中；而理想主义者则常常拥有一种"知其不可为而为之"的豪气和"粉身碎骨浑不怕"的魄力，他们一方面抱有最好的愿望，另一方面又做了最坏的打算，不管结果如何，都能心平气和地接受。总体而言，"完美主义"侧重于强调一种做事的态度，而"理想主义"侧重于强调一种人格的力量；前者侧重于追求技术层面上的完善，而后者则更加能凸显出一种价值追求。理想主义者身上往往携带着一些完美主义的基因，但完美主义者并不是天然的理想主义者——倘若没有高尚的人格做支撑，一个完美主义者仍然可能是个庸俗不堪的人。

什么是理想主义？真正的理想主义，不是非得找到那个符合你心目中的审美标准的对象，而是自爱上某个人的那一刻起，你就忘记了你的标准；不是用某个标准来衡量对方，希望对方有多完美，而是你明知对方有很多缺点，但只要对方身上有几处亮点，你就能不顾一切地决定跟对方在一起。

罗曼·罗兰说："世界上只有一种英雄主义，那就是认清了生活的真相之后依然热爱生活。"这句话，我改编一下：

在爱情中，只有一种理想主义，那就是我早就看清了你的"不完美"，但我依然爱你；在友情中，只有一种理想主义，那就是我早就看透你了，但依然拿你当兄弟。

我们活在最好的时代

　　"全面放开二孩"政策刚一公布，就有人为"80后"捏一把汗：

　　作为中国历史上唯一的一代独生子女，他们将要面对上有四老、下有二孩的局面。

　　这样的"新痛"，同时也勾起了曾经的"旧怨"，那些老掉牙的段子又开始沉渣泛起，什么"80后"刚上大学，大学就开始收费了；什么"80后"刚参加工作，单位分房就结束了；什么"80后"还没能工作的时候，工作是分配的，而到了可以工作的时候，撞得头破血流才勉强找一份饿不死人的工作做……

言语之下，"80后"似乎是改革过程中"被坑的一代"，这代人的命运除了苦还是苦。还有人补刀："我只想说，咱能不能换一代人坑？"

对于段子手来说，写这样的话也许是调侃，是卖弄才情，但对于很多"80后"人而言，这却是心声。然而，作为一个从西部的农村出来、输在起跑线上的苦孩子，我从未觉得自己属于被坑的一代，甚至在读现当代的小说及政治经济改革史的时候，我常常觉得自己生活在最好的时代。

作为一个能力不行却又频繁跳槽的人，我最感激的就是，我"错过了"那个毕业包分配的年代。我不用担心被分配去干一份自己不喜欢或不了解的工作，然后再守着那个无聊的铁饭碗，从一而终地过着极可能是庸碌的一生。在这个可以自由选择的时代，我可以依靠自己的个性生活，选择适合自己的工作，而不是强迫自己去适应一份无趣的工作。正因为如此，毕业八年半，我身上的锋芒也没有被磨掉。

前段时间跟一个即将研究生毕业的朋友聊天，得知她最近冒着拿不到硕士学位证的风险，论文还没写完，就跑去北京学自己热爱的越剧。她是师范类专业，去某些好一点的小学教书，可以拿到一万元的月薪，但她都放弃了。"当教师，太不自由了，我就没有时间玩越剧了。"

想想在那个工作包分配的年代，能做到这一点吗？可能她对越剧再有兴趣，也只能度过压抑的一生了。

很多人会羡慕以前单位分配房子的年代，但我要说的是，大一时读一本小说，看见90年代的人苦苦地熬工龄，仅仅为了等到单位给他分房子的机会，并因此而不敢放弃那份自己并不喜欢的工作。

当时，我感到无比恐惧：妈呀，我以后是不是也得为了房子而把自己的一生都许配给一个单位？这个念头吓得我出了一身冷汗。稍后，合上书，我方才清醒过来：现在，住房已经商品化了。或许我永远也买不起房子，但我至少不必再为了一套破房子而"终身为奴了"。顿时，有种如释重负的感觉。

在我之前的几代农村人，常常为了一个城市户口，干一份自己并不喜欢的工作；为了一个城市户口，嫁给自己不喜欢的男人；为了一个城市户口，娶一个自己并不爱的女人。而到了我们"80后"一代，无论多惨，我们至少不必让自己的爱情和婚姻被户口给绑架了。甚至，现在随着城乡一体化的发展，在一些地方，农村户口比城市户口值钱。

三四十年前，年轻人谈个恋爱都可能被定性为"耍流氓""反革命"，而我们赶上了一个可以婚前同居、可以自由地离婚的时代。在做某些自己的事情的时候，我们再也用不着像我们的父辈们那样担心世人说三道四。

可能因为自己学历史的缘故，我对一切具有"划时代意义"的变化都感到新奇。我曾为自己晚出生了十几二十年，未能见证"激荡三十年"的轰轰烈烈而感到遗憾，但我们却有幸经历或见证了互联网颠覆人类生活方式的整个过程。直到小学和初中阶段，我还常常把银行和邮局当作政府机关，但此后，我们有幸赶上了市场化改革，见证了国家机关的服务质量持续提升。

市场化的一个副产品是：很不幸，我们进入了一个"富人得势"的时代。很多人因此而痛恨这个时代。但是，我们可以想象，在市场化之前的计划经济时代，是一个只有得势的人才能致富的时代。无论如何，一个富人得势的时代，也要比一个只有得势的人才能致富的时代强得多。

所有这些变化对我来说都格外刺激，格外有趣，让我感到无比兴奋。能成为历史的见证人，成为这个时代的观察者、思考者，我感到无比荣幸。

当然，在这个时代，最有幸的也许是段子手遍地开花，并且，因为经历的特殊性，我们也成了最能"读懂"那些段子的人。

在《人民日报》上见到过一篇文章《"80后"真是"被坑的一代"吗？》，觉得这才表达了我的心声。作者在文章中写道：

年轻人面临的问题确实不少，但是与问题相伴而生的，恰恰是解决问题的努力与希望。如果只看问题、不看破题，只看反面、不看正面，那就是选择性忽视，只会激发徒然无用的伤感。

在这样一个崇尚多样性的时代，抽象地评论一代人的命运，是一件很危险的事。毕竟，抽象的概括遮蔽了年轻人的丰富性与可能性，也掩盖了那些具体而微但却激荡人心的奋斗故事。一代人或许具有共同的宏观特质，但是一个人的命运并不取决于此，而是掌握在自己手里。如果能做出独领风骚的产品，如果能创造令人艳羡的业绩，就能获得同样的成功，谁会关注你是"70后"还是"80后"？

对这两段文字，我发自内心地赞同。每一代人的青春都不容易，但我们这一代人的特殊性在于，我们在自己正值青春期的时候，掌握了网络舆论的话语权。不过，我们却没有珍惜这个话语权，而是拿它来抱怨、发牢骚。结果，显得自己成了"最苦×的一代"。

曾有句话说："决定一个人的生活的色彩的，不是他眼前的景色，而是他的眼睛。"对此，我相当同意。这就是为什么同样的时代背景，有些人感受到的是苦×，而有些人感受到的是波澜壮阔、激荡人心了。

每个人的脑海中、思维中都有一些会降低幸福感的因素，我们把这些"负能量"的东西从大脑和思维中清除出去便是洗脑了。这种洗脑，就像洗衣服、洗碗一样必要。

我们常说，幸福与不幸并不取决于实际生存境遇，而是取决于心态和思维方式。在幸福感比较差的时候，调整心态实际上就相当于一种自我激励。对于身处逆境的人来说，自我激励就是心灵自助。

一说到心灵自助，我就不由得想起了如过街老鼠般被人人喊打的"心灵鸡汤"。但我想说的是，很多人之所以不幸福，恰恰是因为他们对心灵鸡汤缺乏信仰、缺乏基本的敬畏之心。

　　处于某种同样的困境中，容易被心灵鸡汤"洗脑"的人，通常都能告别痛苦和烦恼，而那些始终无法摆脱思维局限性的"理智者"，则无一例外地充满了焦虑和忧愁，他们总是满腹的牢骚和委屈。这，正是身为一个"鸡汤厌恶者"最大的倒霉和悲哀之处。

　　鸡汤厌恶者们总是居高临下地嘲笑那些喜欢心灵鸡汤的人逃避现实，可是，如果一个人面对现实的目的就是为了得到更多的烦恼和痛苦的话，那他真是蠢得够可以。

　　有的人之所以将那些谈调整心态的文章都定性为心灵鸡汤，其实是因为他自己的心态很差，并且还不具备调整心态的能力——自己没能力做到，便认为别人从实践中感悟出来的真知灼见都是空洞的大道理。

你之所以自愿单身，是因为你还不够寂寞

　　标题中的"自愿单身"，看起来有点别扭，那我就先解释一下为什么要创造出这么个短语吧：我本打算以"世间所有的单身，都是因为不够寂寞"为题来统领全文，但后来一想，有些人即便足够寂寞、非常耐不住寂寞，也依旧无法摆脱单身，因此需要进行限定，所以我才说"自愿单身"。

　　"自愿单身"借鉴了经济学上"自愿失业"的概念。萨克里顿这样定义"自愿失业"：如果自愿失业者宁愿选择不工作也不愿参加他们能获得的可胜任的工作，因为工资或其他工作

条件与不工作的选择相比，缺乏吸引力，这样产生的失业现象就叫作"自愿失业"。参照这个，我也给"自愿单身"下个定义：如果一个人宁愿选择单身，也不愿跟一个缺乏吸引力的伴侣在一起搭伙过日子，这样产生的单身，就叫作"自愿单身"。

一位朋友把一篇文章的初稿交给我，让我帮她改标题。我看完全文后，说了句"题外话"：我看懂了，你之所以单身，是因为不够寂寞。她算是默认了吧。

很久很久以前，不知是谁在人人网上发了一段话："那种单身很长时间的人，自身心理绝对有问题，大多是眼高手低，对爱情没有一个正确的认识。"这个概括还算经典吧。但我的第一个问题，他就答不上来：你的意思是，凡是对爱情的认识跟你不一样的，都是"没有正确的认识"？手低，是现实层面的东西，而眼高，是理想层面的东西；理想高于现实，天经地义。能力差不是大问题，但品位一定不能低下。眼高手低，通过努力，实力可以朝着品位靠拢；而你的主张是，如果能力不行，就应该降低品位？

我这个反驳当然很理智，但显得太不正常、"太不像个男人了"。

那些正常的、对爱情有"正确的认识"的男人都是怎么做的呢？

他们聚在一起，喜欢以各种粗俗的语言谈论跟自己没有什么关系的女人，喜欢带着猎艳的思维去结识一切长得还算可以的女性。总之，他们并不懂得，"世界上还有很多比跟女人上床更有意思的事情"。他们不仅自己这样，而且还认为别人也应该像他们一样。

曾经有个男人在无聊的时候要跟我讨论什么"泡妞/猎艳技巧"，被我给"数落"了一顿。他很不满地质问道："难道你空虚的时候就不想女人吗？"

我答道："我在空虚的时候当然也想女人，并且我在不空虚的时候也会想女人的，只不过，我想的是某个具体的、我认识的女人，而不是先在脑中构建起一个关于女人的概念，然后再去现实中寻找符合这个概念的客观存在。"

可以肯定的是，有很多人从来没有考虑过甚至现在也没有搞懂这里所说的"具体的女人"与"女人"这个概念两者究竟有何不同。

所有抱着猎艳心理泡酒吧的男人，都属于后一种：先构想出概念，并确定目标"搞定符合这个概念的某个客观存在"，然后再去寻找那个客观存在——因此，每当"猎艳男"得意扬扬地向我炫耀并传授"泡妞秘籍"时，我都在心里说："你不是在泡妞，是在泡概念，是在泡寂寞！"我从来没有兴趣去泡概念、泡寂寞，如果偶然有艳遇的机会降临，我不会放弃，但我从来不期待艳遇的发生，更加不会刻意去寻找艳遇的机会。

我对酒吧这种满足寂寞需求的场所厌恶到什么程度呢？有次在家上网看电影，刚开头就发现故事居然发生在酒吧，于是立马就关掉了电脑网页。

寂寞的男人和寂寞的女人一样，都无法忍受没有异性陪伴的生活。寂寞的女性经常在网上呼吁"想找个人聊天"，可是，具体要聊什么，连她自己都不知道。耐不住寂寞的女人，宁可选择跟一个渣男（明知他就是个渣男，而非不知情上当）来陪自己消磨时光，也不愿意一个人过活。而寂寞的男性则常常像只苍蝇一样去骚扰别人，让无辜的人跟着遭殃。

因为寂寞的男人和寂寞的女人太多，因此，这两批人联合起来创造了一条寂寞的格言："男女搭配，干活不累。"

真的是这样吗？真相或许是，男女搭配会导致干活的效率大大降低。2008年，当我在昆山的台资企业上班时，因为部门女性员工太多，我还发了篇《办公室女人多了真烦》。结果，一大群不寂寞的男人都在回复中表示同意。

为什么会有这种差别？寂寞的男女对异性的需求，总是处于一种饥不择食的状态。如果身边没有异性出现，他们就没心思干活，当然会觉得累。但只要身边有个异性，不论是个有趣的异性还是个无趣的异性，他们都能像吃了春药一样亢奋，因此不觉得累。所以说，"男女搭配，干活不累"，只适用于这批人。

当然，不幸的是，寂寞者总结出来的语录越寂寞，便越可能流传得更广更久，因为任何一个时代，寂寞者总是占据多数，因而寂寞的语录也总是有着更多的信徒。久而久之，便成了"真理"。

太寂寞的人，在跟异性的交往方面，是没有什么品位和底线可言的。寂寞的男人和寂寞的女人一样，只要遇上的人"性别合适"，都能让他们感觉到"幸福马上就降临了"。

有不少读者留言问我，如何加入读者群。我都回答说，"扯淡不二"没有读者群。其实，春节后那段时间，我们曾经有过一个读者群，但后来我自己率先退群了，因为里面整天充斥着各种寂寞的声音、发骚和试图红杏出墙的声音。

我很好奇的是：你们难道就不能有点别的追求吗？"单身

狗"就一定要活得那么没尊严吗?

寂寞者最令人讨厌之处在于,他们不仅自己这样做,而且还认为别人也应该像他们一样饥渴,见了个异性就立刻扑上去。几个寂寞者在一起,会形成强大的舆论攻势,向不寂寞的人施加压力,让他也做一些只有寂寞者才可能做的无聊之事。也就是说,寂寞者不仅自己是令人讨厌的苍蝇,他们还往往试图把别人也改造成苍蝇。

我因为看起来对异性"欲望乏弱",因此常常被认为"不解风情"。但真相是什么呢?真相是,如果女人觉得我不解风情,那是因为她自己还不够有风情;而男人说我不解风情,则是因为我的品位还没他那么低。归根结底,是我还不够寂寞。

常有一些热心肠的人为我找对象的事操心,但他们并不懂,只有寂寞的人才需要刻意地找对象,而不够寂寞的人,则只会接受偶遇了。找对象,是浪漫的天敌。

热心肠的人还常常问我"择偶标准是什么",我的答案一贯是"没有标准"。我根本就不相信,你在对某位异性动心的那一瞬间还会认真地在大脑中去评估对方是不是符合你的标准。一个完美无缺(这里的完美无缺是指完全符合你预先制定出来的标准)的女人摆在你面前,你不一定会对她动心的;对一个你明知有很多"缺点"的女人，你却可能对她痴心难改。

因此，我认为，标准除了用来排除自己不喜欢的人，是没有任何意义的。在我对某个女人动心的那一瞬间，她就是我的标准。是先遇到某个具体的人，才形成了标准；而不是预先制定出一个标准，然后再去寻找符合这个标准的人。

有一次，有个女生对我说："我发现，谁如果要做你的女人，必须要耐得住寂寞。"

对，说得太对了。不过，寂寞就那么难耐吗？

鲍鹏山老师在《新说水浒》时有一段话特别精彩："在很多时候，寂寞不是因为我们没有同伴，而是我们失去了自己的本色；寂寞也不是因为我们不能被人群接纳，而是我们在人群里不敢以自己的本相示人；寂寞也不是我们和别人不一样，而是我们和别人太一样了，我们才会寂寞。"

貌似，他说的这几条"寂寞的构成要件"，我都不具备，因此才不够寂寞吧？

常常有人说"做××要耐得住寂寞"，说这话的人，一听就知道是"外行"。他们根本就不知道，对于某些人来说，"寂寞"乃是一种自愿选择，而非煎熬，因此，并不需要去忍耐。

在知乎上见过这样一段话：

一个男人有文化，最大的好处是日后能够耐得住寂寞与孤独，和自己相处。而能享受一个人的状态，充实并怡然自得，不至于六神无主、方寸大乱而恣意纵欲麻醉自己，是一个男人最大的魅力之一。

《肖申克的救赎》中，安迪被关禁闭，三个月暗无天日，别人问：你怎么忍受得住？

安迪答道：因为有莫扎特陪着我。

③ 两个目中无人的人之间，更有可能存在高质量的友谊

过去的几个月里，有很多人好奇我的自媒体涨粉为何会那么快，我一直都说，主要靠的是"傍大款"——靠百万以上的大号转载，来帮我导粉。

但具体到个人，对我帮助最大的，却并不是某个大号的经营者，而是富兰克林读书部的陈师明。

陈师明还把我推荐给了图书公司的编辑。高兴之余，我对他说了句很三俗的话："这书要真出了，你来成都，我请你嫖娼！"

　　玩笑之余，当然还有发自肺腑的感激："要不是上个月无意间被刘明龙拉入两个'优质自媒体大佬交流群'，以及后来你给我的很多指点，我绝不会走得这么顺。"

　　师明也实事求是地说："首先，也是因为你有真本事。否则，我们再怎么帮助你，都没什么用。"

　　"再好的千里马，也需要伯乐的发现和栽培。你不是大佬中最大的一个，甚至还算不上大佬，但绝对是对我支持最多的一个。想当初，我刚入群的时候，人生地不熟，没有几个人愿意搭理我，你积极地向大家介绍我，并且还告诉我原创号和转载号对接的时候应该注意些什么问题。"

　　"我也是这么过来的，我一直在关注着很多人，有的人能说上话，有的只说了几句就没有了后话。而你也是愿意和我多说话的人。所以，我也愿意把自己的经验分享给你，也愿意在群里帮你。"

　　他一说上面那段话，我想起了他的笔名"孤独疯子"。

　　"去年7月初，'扯淡不二'的订阅户还不到500人的时候，而你的公众号已经有了几千粉丝。可是，你竟然不嫌弃我粉丝少，主动来找我，问我要不要参加互推。"

　　"那时候被你拒绝了，别提多不爽了！"

"所以，你就把我的微信删了？"

"我还记得你说定位不清，暂时不参加互推。"

"不是拒绝，而是那时候我发现，自己的公共号真的定位不准。看到别人写的推荐词都高大上，而我太寒碜，连自己的公众号简介都写不出来，自惭形秽。因此，不好意思参加。"（后来的实践证明，拒绝参加互推，让我错过了自媒体发展的黄金期，以至于一年后，当陈师明的号已经有了超过30万粉丝的时候，我的粉丝还不到3000人。）

说到删除，陈师明有点歉疚地说："我是个很重感情的人，谁对我有感情我都知道，并会重重回报。而那些对我没感情的人，我就把他当陌生人。那时把你删了，就是已经决定把你当陌生人了。在此致歉。"

奇怪的是，通常如果别人把我删了，我肯定会立刻把他拉黑，免得被他重新加回，我不愿意为了那些出尔反尔的人而浪费自己的时间，但被师明删除之后，我竟破天荒地没有拉黑他，并且过了一段时间之后，自己又主动加上了他。

怎么会这样呢？陈师明说，大概是缘分未尽吧。

我们这两个男人同样任性、傲慢、目中无人，却又同样真实和肉麻。

作为一个比较傲慢的人，我也比较喜欢接近一些"目中无人"的人。因为我懂，我知道，他们的目中无人跟我一样，其实只是"选择性地目中无人"。

那些目中无人的人，你一旦得到了他们的青睐，他们一定会对你好得不得了，因为他们的目中无人，并不是没有教养，而只是不愿意在入不了自己法眼的人身上浪费时间罢了。

2013年6月，刘明龙第一次给我留言的时候，我真是受宠若惊。在聊了一会儿之后，我对他说："其实，我早在两年前就知道你了。但从你的文字里，感觉你比较目中无人。我自知才疏学浅，不敢主动跟你打招呼。"

令我感到意外的是，刘明龙并没有否认他自己的傲慢；相反，他很爽快地承认了自己确实就是那样一副"鸟德行"。如此一来，我就对他更有亲切感了。

在过去的一年里，这两个同样目中无人的人，整天在互相肉麻地吹捧、抬举、"把对方带往更高层次"。我如果把自己跟刘明龙的对话截图发出来，很快就会有人问我要刘明龙的联系方式。而刘明龙只要在他那边替我美言几句，都能让一大批不明真相的群众误认为苏清涛是"哪路神仙"。

那些目中无人的人，他们的目中无人，可能固然有修养欠缺的因素，但更可能的原因却是，你在他眼里还没有价值，你还不值得他"礼待有加"；或者是，他尚未发现你的"了不起"。

而两个同样目中无人的人相遇，一旦他们发现了对方身上的"了不起"，傲慢就会在顷刻间烟消云散，取而代之的便是"惺惺相惜"了。

⓷ 既然得不到，不如干脆不要

　　平时，我经常说自己工作效率和读书效率都很低，但别人都不信，认为我谦虚。一般人不信就罢了，我也懒得解释。这次，跟一个同学聊起这个问题，我破例认真解释了一下原因：

　　我其实有重度强迫症。比如，看书的时候会特别傻×，从封面、腰封、封底、前言、后记、作者简介，到所有出版信息，几乎一字不落全看完。尽管我也清楚，看这些东西通常都是浪费时间，但我总是担心漏掉什么真正有价值的信息。这种强迫症导致我在无用的事情身上浪费太多时间，因而效率低下。

　　说起"在无用的事情上浪费时间"，我不得不扯到另外一件事情上去了：在学校的时候，我特别鄙视那些划定考试范围的老师，而对那些要求老师划定考试范围的同学，我简直就是敌视了。因为，按照考试范围来复习，会彻底毁灭我想要建立一个完整的知识体系的愿望。所以，即使你划了考试范围，那些范围之外的东西，我照样得认真看。

　　然而，这样一来，我就得被迫跟那些只复习考试范围之内内容的同学去竞争，这种"不正当竞争"，导致我排名靠后倒是小事，因为我本来成绩就差，早就不指望排名靠前了，关键是，这样会让我陷入挂科的危险境地。（及格线根本就不是60分，如果有很多人分数都很低，及格线也会降低。）

　　换句话说，我对考试分数的关注，不是为了排名和奖学金，而是为了"保命"。而我之所以反感老师划定考试范围，是因为他这么做将会迫使我优先选择"保命"而放弃"构建完整的知识体系"。不过，由于强迫症作怪，每次我都会侧重于"构建完整的知识体系"，但这样不但累个半死，而且导致我的考试排名更加靠后，自信心更加受挫。

　　同学很惊讶地说："在考试分数和构建完整的知识体系之间，你选择了后者，可见你那时读书真的是为了求知，而非考试，而我直到十年后的今天才达到你当年的境界，在学校的时候，我就特别关注考试分数，有些东西不考，我就不学。"

我很自恋又很诚实地说："就现在来说，我是敢承认，我做很多事都没有功利心，我算是'达到了一定的境界'，但起初并不是这样的。我也曾经在意过考试分数、奖学金之类的东西。但一学期的努力下来之后，我发现，以我的天分之差，我完全没有能力争取这些玩意儿，于是，我就果断地放弃了。放弃之后，我就进入了一种'无欲无求'的状态。我照样羡慕那些考高分的同学，但是，我再也不会为自己的分数低而自惭形秽了。"

我没有吃到的葡萄当然依旧是甜的，但问题是我已经不再想吃了。我吃到的葡萄（不以考试为目的求知）才是最甜的，尤其是当我发现成绩比我好的同学还在为绩点不够高而烦恼的时候、当我看见那些牛×的人去考很多无用的证书的时候，我这个loser就开始有一点"优越感"了。

是的，我原本比较看重的一样东西，一旦在经过一番努力之后还得不到，我就会果断地放弃，并且不会因为这种放弃而纠结。

我在很多事情上都特别"不成功"，但又没有很强的挫败感，反而常常以"逍遥派"自居，就是源于这样一种心态。以前看过一句话："成长，就是以前得不到的东西，现在发现已经不需要了。"只不过，对于我而言，那种"不需要"的念头往往是在一瞬间就确立，并很快就深入骨髓了。

这跟精神胜利法还不一样。精神胜利法是贬低自己得不到的那个东西，而我这种"不稀罕了"，则是以承认自己能力的局限性为前提。

向命运抗争的最好办法，就是认命，承认"我不行"。你认命之后，它就再也无法打败你了，你就不会有挫败感了。认命，是一种"以退为进"。

大三大四一直到刚参加工作的前半年，我设定的长远目标是多赚点钱，有朝一日能登上慈善排行榜。

工作一年后，我常常在想：什么时候可以不再为房租的问题发愁？

工作三年半后，我什么时候才能写出柏杨、亚当·斯密那样的传世之作呢？这终于算是一个理想、奋斗目标了。

我知道，这个目标毕生都无法实现，但这又有什么关系呢？让人快活的是拥有目标，而不是目标的实现。

……

前些年，我不太热衷于社交活动，主要是自己的社交能力太差，在大的社交场面，我觉得自己容易被边缘化，自信心受挫。好在意识到这一点之后，我并没有努力尝试融入别人的圈子，而是彻底放弃了社交。既然没有那个能力，那干脆就不要了。我转而在无社交的情况下提高自己，没过多久，我变成了一个"被动社交型"的人物（大多是别人主动找我）。我现在仍然对社交没兴趣，但已经不是先前那样害怕被边缘化了，而是觉得自己已足够丰富，不需要跟别人抱团了。

随着自我认识不断加深，原先奢望的东西，我都放弃了，并且也不再想入非非。在最穷的日子里，我一头钻进了文字的世界里，并从中找到了一种自我陶醉的感觉。假如我一开始会成为能力特别强的人，按照自己的预期去从政，应该不大会成为今天这种讨人喜欢的样子吧？

当然，我也是很清醒的，我喜欢文字并靠文字吃饭，并不意味着这是一件格调很高的事情。我还对我的同事、同学说过：文字工作，其实是一种很低端的工作，是很多有能力干的人所不屑于干，或者虽然也喜欢但并未将其放在头等重要的位置的事情。让某些顶尖级的企业家来做记者，人家绝对比我们干得出色。这句话，其实是戳中了很多同行的痛点。

聂帅在《商业的世界里，文艺青年必死》一文里写道：

我的前老板江南春给我们展示了他是如何华丽转身实现从诗人到商业巨子的蜕变的。爱写诗，变成了爱广告，文艺青年变成了商业巨擘。很少再流露出文艺气息，就好像他从来没有做过诗人一样。这样的转变，让我仿佛看明白，我们之所以仍沾沾自喜于文艺青年那种追求个人感受的优越感，是因为从未尝到过巨大的商业成功带来的传福祉于众人的成就感，这是两种差距太大的快感，以至于拥有了后者，前者就成了鸡肋。

初次看到这篇文章，大爱之，然后迅速跟作者勾搭上，并多次套近乎。

不过，聂帅文说得再好，商业的格调再高，可我既然没有能力搞定，我"得不到"，那它对我有什么意义？文字，尽管我自己也清楚它"格调不高"，但这重要吗？我热爱它，这才是最重要的。

人生有无数种可能，但我偏偏倾向于认为，已经实现的这种可能性才是最好的，要比那条没有尝试过的"最初的理想之路"有价值得多——可能在一套理性的标准下做个利害权衡，结果会有所不同，但这条路再怎么差劲，也是你经历过的，也带给了你实实在在的体验；"那条路"不管多好，终究不过是个虚幻的概念而已。对已经实实在在地拥有的一切，你当然可以随便挑剔它的种种不是，但只要你足够用心，你也可以找到一万个珍惜它、爱它的理由；对于那种未曾实现的可能性，你当然不会因为它的不好而牢骚满腹，但倘若你要爱它，却连一条充分的理由也找不到。

在感情问题上，很多人都会觉得"得不到的才是最好的"，因此老是对现状不满，甚至还会因此而背叛，但我一直本能地感觉到，"已经得到的才是最好的"。有些持第一种逻辑的人会断定我也跟他们是一样的，这些人都被我"拉入傻×组"了。你自己犯贱，我不干涉，可你凭啥诬陷我？

因为有极强大的自我洗脑能力，我一直被誉为"心态好"。可是，"心态好"这玩意儿只有对loser才有意义，我们很少说一个很成功的人心态好。只有在极个别情况下，成功者的"不纵情傲物""不得意忘形"才会被称为"心态好"，但在绝大多数情况下，我们说一个人"心态好"，意思其实是说：你混得这么差，居然还不苦×！我们用"心态好"来称赞他，是先以世俗的眼光宣判了他在客观上的失败，然后又以智者的眼光来肯定他在失败的表象下隐藏的高贵。

我曾经好奇过为什么思想家、艺术家往往在世俗生活方面都很失败,一番琢磨之后,我做出了两种截然相反的解释:有的人,把心思全部倾注在自己的哲学和艺术上面了,而世俗的领域对他来说并不重要,没花心思,因此很失败;还有的人,刚开始很看重世俗领域的成功,在挣扎了一番之后,发现自己能力不具备,于是彻底放弃,把心血都花在那些"自由而无用"的领域,因而获得了极大的成就。

中国古代的不少知识分子,如范仲淹、欧阳修、苏轼等,则有一个更加牛×的地方:在得志的时候,他们是儒家的知识分子,积极入世,发挥自己的政治才华;在"失意"的时候,如贬官或流放期间,他们摇身一变,切换到loser模式,成了道家或佛家知识分子,成了"逍遥派",他们以内心的淡定和宁静来傲视现实中的挫折,并最大限度地发挥出了自己的文学才华。是则进亦乐,退亦乐,无论在哪种情况下,都对人生充满激情。(之所以在前面给"失意"加引号,是因为,对这样的人来说,不存在真正的失意,只存在凡夫俗子眼中的失意而已。)

良禽择木而栖。承认自己的无能,迅速地放弃那些自己不擅长的事情，开辟新的道路，这样做，一方面能保证总体收益最大化，另一方面，也减少许多挫败感。

既过不恋，不磨叽、不纠结，命运便会向你俯首称臣。

❸ 成就我的，不是你的伤害，而是我自己的格调

看到朋友由牧的《不要感谢伤害过你的人》一文，感触很深。大爱，遂忍不住决定拾人牙慧，写篇读后感。那篇文章里金句很多，我随便摘录几句：

"那些站出来说感谢伤害与磨难的人，通常都已然是某种程度上的人生赢家。为了表现自己的大度宽容，也许还可以顺便嘚瑟一下给当年施加伤害的人看，他们当然乐于动动嘴皮去熬这么一碗大众喜闻乐见的鸡汤。可是，千万别忘了在他们背后是无数受伤后难以愈合的心灵，和因伤害跌入低谷的人生。"

"前后关系并不总是代表因果关系。伤害本身并没有任何正面意义，让它变得有意义的是你的坚强；伤害你的人也从来没想过让你成长，真正让你成长的是你的反思和选择。"

我看到这篇文章时，第一反应是想起一件事：

几个月前，我刚在鸡汤界"成名"的时候，有个妹子来邀功请赏："要不是我深深地伤害过你，你也写不出那么多爆文，所以，你得感谢我。"

话虽没错，但让人听了，怎么觉得不对劲儿呢？为什么？因为这话应该由我来说，而不应该由她来说。由我来说的话，就是"有感恩心"，但由她来说的话，就是得了便宜还卖乖了。因此，尽管我内心里认为她所言"情况属实"，但回复的却是："你伤害了那么多人，别人咋没写出一篇爆文出来？所以，归根结底，不是你的伤害功不可没，而是我自己优秀。"

"不是你的伤害伟大，而是我自己优秀"，这话，她虽然嘴上不承认，但心里是绝对认同的，因为当年我刚认识她的时候，就问过她："我身上哪一点最吸引你？"

她给出的答案是："浪漫而不轻狂，诗意而不诗化，悲情而不悲伤。"

太赞了。尤其是"悲情而不悲伤"，百分之一千准确。她说得这么准，我怎能不无条件投降？

后来，她告诉我，那句话不是她自己说的，而是在一个哲学家的作品中看到的："初次看到这句话，我就想，怎么可能有这样的动物？遇到你之后，我发现，居然真的有这样的动物！"

不好意思，扯远了。与"感谢伤害"一脉相承的，是美化苦难，说苦难是财富。如"多难兴邦"，如有些老知青回忆起以前受过的苦难时说什么青春无悔。但鲁迅早在九十年前就揭穿了真相："中国人的不敢正视各方面，用瞒和骗，造出奇妙的逃路来，而自以为正路……亡国一次，即添加几个殉难的忠臣，后来每不想光复旧物，而只去赞美那几个忠臣；遭劫一次，即造成一群不辱的烈女，事过之后，也每每不思惩凶，自卫，却只顾歌咏那一群烈女……"

兴邦的，是这个国家对灾难的反思，而不是灾难本身。事实上，在大多数情况下，灾难非但不能兴邦，反而可能扭曲一个人，乃至一个民族的灵魂。希特勒是奥地利裔德国人，他的祖国曾长期受到邻国欺凌，但希特勒在当上德国总统之后，干的第一件大事就是把自己的祖国奥地利给吞并了。再比如，我们的某个邻国，长期以来，这个民族是很自卑的，这种自卑让它有了一种欺软怕硬的性格，因此特别喜欢侵略软弱的邻国，但在美国人面前乖得很。

自《史记》以来，绝大多数的牛人传记在介绍这个人的生平时，都会出现两个字——"少贫"，这句话的白话文版本是"千金难买幼时贫"。

潘石屹曾经买不起裤子的故事也广受追捧，仿佛他之所以成功，就是因为过去买不起裤子。但真的是这样吗？能在经历过贫穷之后变得坚强的人，只是极少数，绝大多数人则会产生穷怕了的心态，这种心态导致即便以后经济条件改善了，他们仍然不能正确对待财富。我之前在《为什么说"穷养的女儿没人泡"》一文中提到：

穷养，会给孩子造成匮乏感，进而形成一种"稀缺头脑模式"，并影响到她后来的人生观。在这一点上，男孩也一样。

从小在匮乏感中长大的女孩子，便会放不开、不会玩、不敢玩、玩不起，因此，她们在成年后恋爱或择偶时便不大会把诗意和浪漫放在头等重要的位置（不是不喜欢，而是"消受不起"）；相反，她们会更看重对方的"条件"和责任感、靠谱等。"条件"的问题没多少讨论价值，暂不说，"责任感"和"靠谱"这两个标准其实蛮吓人的——太有责任感和太靠谱的男人，往往就是所谓的"好人"，这样的人往往不够精彩、不够可爱、不够有意思。

因此，穷养的女儿过分强调"靠谱""责任感"，便让自己显得不够可爱，使得别人接触她的意愿降低了。此外，穷养的女儿在结婚后，一旦掌握了家庭的财政大权，很容易对男人银根紧缩——小时候的匮乏感，使得她们很容易将财产控制权视为安全感；适当地管管是必要的，但像个会计一整天对男人进行财务审计，便无趣至极了。

我并没有跟所谓"穷养的女儿"零距离接触过，这段话也是靠逻辑想象出来的。虽然有很多人骂，但他们并没有骂出个什么理由来。

不过，也有很多读者给我留言表示自己中枪了。印象特别深的是，有五个女生在评论中留言："读完之后，发现自己哭了。""我终于明白自己为啥老谈不成恋爱了。"

一个做自媒体的朋友告诉我，他转载了这篇文章，很多为人父母的读者很喜欢，说是很受启发。

在这篇文章写出来之后，我还在朋友圈向大家请教：为什么同样是在童年经历过某种匮乏的人，在长大后，有的人会很容易知足，而有的人则会欲壑难填、索取无度？为什么同样曾经饱受欺凌的人，在强大起来后，有的人会喜欢保护弱小，而有的人则会心理变态，从欺压更弱小者的过程中找到"尊严感"？为什么同样经历过苦难，有的人会更坚强，而有的人却就此沉沦？

当时，一个"看上去像个富二代"的"穷养女"告诉我：如何看待一段经历，比这段经历本身更重要。

说得太好了。这位同学为什么能说出这种话？因为她就是由牧所说的那种"人生赢家"。她"如何看待一段经历"的能力很强，这使得她的思维方式和气质中没有留下"穷养"的影子。

人们可以从苦难中获得财富，但真正让你获得财富的是你的反省能力，而不是苦难本身。

所有的"美化苦难"，都有夸大其词的嫌疑。此外，人的回忆具有一种添油加醋的能力，因此，我们在回忆自己所经历过的某种痛苦时，常常会无意识地添油加醋，对它进行浪漫化处理，当我们通过讲述或作品将这种痛苦经历传递给别人的时候，它便失真了。

再就是，文艺作品的受众往往也会对作品中呈现的痛苦有一种浪漫想象，产生一种"痛苦是财富"的顿悟。但是，你之所以认为痛苦是财富，那是因为你不是当事人，你是站着说话不腰疼。即便是当事人，也只敢在自己从痛苦中走出来之后才敢大言不惭地说一声"痛苦是财富"。

初次看到王小波的作品时，我曾经多次设想，假如我能写出这样的作品，要我经历再大的苦难，或者少活几十年，我都愿意。但到后来我方才明白，我这种资质平庸的人，无论经历怎样的苦难，都写不出那玩意儿。王小波之所以能创造出那样的作品，不是因为他当了知青，经历了怎样的磨难，而是因为，他是王小波。因为他的天才和创作激情。

对王小波这样的作家来说，任何经历都能成为创作素材，进而转化成财富。正如我此前所说的："走对的路，可以拿来写励志故事；走弯的路，反思之后，可以用来写鸡汤。"但对于大多数人来说，他们所经历的痛苦和伤害并不能转化为财富，他们的苦难并不能成为自己的"创作灵感"，却一不小心就成了别人的"创作灵感"。

前段时间，有朋友对我说："伤害和苦难，也许只有对作家这个群体才是财富。"他这句话有那么点味道，但并不准确。有不少企业家、政治家，乃至平凡的人，都是在经历了不幸之后变得更加强大。

这些人有一个共同点：善于反省。确切地说，应该是：**伤害和苦难，只有对于具有反省精神的人才是财富。**

有人说，反省精神可以弥补先天智力的不足，这句话我感同身受。我觉得自己是那种天分很差的人，并不聪明，但又算得上一个比较有智慧的人，主要原因便在于，我的反省精神和反省能力都超强。正是这种反省能力，使得我"悲情而不悲伤"。事实上，很多有大智慧的人大都不是因为天资好，而是善于反省。

因为我的文风比较毒舌，所以常常有人被刺痛，忍不住破口大骂，但有些人被刺痛后对我却是另一番态度："涛哥（或苏大大），我真想揍你一顿，你戳到了我的痛处。"然后，再说："感谢你刺痛了我！"甚至还会给我打赏一笔巨款。为什么？我虽然刺痛了他，但他经过反思之后，觉得痛苦的根源是他自己不够好，而不是我的话太尖锐；他知道自己需要改进。（六年前，我刚开博客的时候，自我介绍里有一句：我尖锐的言论常常会伤害到一些人，但人们往往是在受到伤害的时候才开始觉醒。）

对于前一种人来说，痛苦就是痛苦；只有对于后一种人来说，痛苦才是财富。

PART 04

如果你不肯向这个世界投降，
你就要强大到锐不可当

　　浮躁的人有两种：第一种是知道自己浮躁，也承认这一点，很有诚意，打算改；另一种是认识不到自己的问题，或者即使认识到了，也不愿意承认，你一说他浮躁，他就暴跳如雷。

❀ 在这个浮躁的时代里，如何"不浮躁"地活着

　　为了不给其他人鄙视我的机会，我决定先发制人地自黑一下：这个标题读起来很拗口，一点水平都没有。连小学生都知道，"浮躁"的反义词不应该用"不浮躁"。不过，我查了很久都没搞清楚，究竟哪个词用来当浮躁的反义词比较合适。沉稳? 踏实? 我不知道，所以最终就用"不浮躁"来取而代之。

　　在前几年，如果你问我最讨厌那种人，我会毫不犹豫地说：无趣的人。

　　有时候，一个有趣的坏人往往能引起我的关注，一个无趣

的好人往往让我敬而远之。跟无趣的人说话，让我感到窒息，我会忍不住发出悲叹："天哪，我究竟是造了什么孽啊，居然遇见这样的人。"

但最近几个月，我最不愿搭理的人里又增加了一类：浮躁的人。其实，无趣跟浮躁往往互为因果，这两类人也是高度重叠的。

浮躁之人最大的特点是：不能静下心踏踏实实地做完一件事情。他们既没有能力没有机会坐热板凳，又不甘心坐冷板凳，因此，每日都在委屈和失落中度过。

这些人常常会抱怨这个工作太简单，学不到东西，可问题是，这份很简单的事情，你能不能百分之百地做好？如果连这个简单的都做不好，凭什么要求更有技术含量的？你学不到东西的关键原因是，你在做的时候，只是带着怨气，以完成任务的心态去机械地重复，而并没有用心去思考、去总结，结果哪怕做过了几十次，你的水平仍然是原地踏步。

我们常埋怨自己的工作枯燥乏味，但你的工作再乏味，难道比流水线上的活还乏味吗？远的来说，英国的瓦特，一个普通的学徒工，干的工作够乏味吧？但人家照样能发明出蒸汽机。近的来说，我们身边有多少高级工程师、企业家都是从流水线上起家的，但他们勤于动脑，并善于从工作中发现乐趣，而且也很有职业荣誉感。

比工作的乏味更可怕的是，你这个人也日渐乏味。工作乏味不要紧，但你自己一定不要成为乏味的人。

浮躁的人还守不住孤独、耐不住寂寞。一方面，他们既不懂得说话的艺术，另一方面，却又有着极强的表达欲望，不说话就能憋死。他们总是无法克制住跟别人搭讪聊天的冲动，但是，在聊天的时候，他们又完全没耐心听完别人说的是什么，甚至在根本没有听懂的情况下就急着发表自己那完全牛头不对马嘴的见解。并且，还不接受别人的纠正。他们，只顾着自说自话。

他们喜欢接触有知识的人，自己却又拒绝任何深度，不读书。他们想跟别人聊天，但又不知道自己究竟想聊什么。

在"阅读"时，他们特别喜欢写评论，常常是只看了标题就评论、只看了别人的评论就评论、只看了开头就评论。更有甚者，一看到标题就感到自己遇到了知音，匆匆忙忙地点赞分享，分享完之后，再一看，内容跟自己想的不一样，然后再大呼一声：作者真傻×。

他们喜欢不懂装懂，对自己完全不懂的事情指手画脚。

在看电视时，他们总是不停地切换频道，似乎所有的节目都特别烂，又似乎每一个新的节目都会对他们很有吸引力。

他们没有能力享受闲暇。在忙碌的时候，他们特别希望能尽快空闲下来。但一空闲下来，他们又会立刻陷入"无事可做"的无聊煎熬中。

浮躁，似乎已成了一种无药可救的时代病。

浮躁，让我们变得肤浅，同时也降低我们的智商。而肤浅和弱智化，又会让我们更加浮躁。由此，陷入一个恶性循环。

影视作品、媒体、自媒体、出版社一味地迎合受众的浮躁情绪，又进一步让他们陷入浮躁的泥潭中。

浮躁的人有两种：第一种是知道自己浮躁，也承认这一点，很有诚意，打算改；另一种是认识不到自己的问题，或者即使认识到了，也不愿意承认，你一说他浮躁，他就暴跳如雷。

第二种人，就任由他们自生自灭去吧。

第一种人，还是不错的。反省精神可以弥补我们在先天素质上的某些不足。

那些因为才华配不上梦想而焦虑的人，首先必须跟自己和解。胡慎之老师说，承认自己能力的有限性，是一个人心理健康的前提。你既然是普通人，就别老是用大佬的标准来要求自己。

当然，既坐不上热板凳但又不甘心坐冷板凳的人，往往不愿意承认自己只是个普通人，他们会觉得自己大材小用了。如果你有这样的想法，你就应该先问一问自己：我究竟干什么才不算大材小用呢？你答得上来吗？如果你答得上来，就跳到那个能够让你人尽其才的岗位上去；如果你答不上来，就还是先老老实实地在当前的岗位上干着吧。

大学毕业后的前六年里，我做过保险，在台资企业干过，在制造业做过销售。有不少朋友一知道我这个"复旦高材生"居然干着这些连高中生甚至初中生都能胜任的工作，都替我打抱不平：你干这个，大材小用了。听了他们这话，我的心情很复杂：一方面，他们说我是"大材"，让我感受到了莫大的安慰，感激涕零；另一方面，他们既然说我是"小用"，这就意味着，他们在潜意识里瞧不起我的职业，这让我有一种职业自卑感。

当然，因为我深深地承认自己只是个应试教育下培养出来的考试机器、高分低能，我没有觉得自己有什么才，因此，也就没有"大材小用"的委屈感。况且，如果真说我大材小用了，为什么我的业绩不如那些专科生、中专生？所以，在这种场合，我也不应该有大材小用的委屈感，"高才生"的身份让我感到自卑，而不是傲娇。也正是因为敢于面对自己的平凡，我踏踏实实地干，最终做出了超出了很多人预料的成绩。

到现在，我不仅没有大材小用的感觉，而且也没有那种超出自己才能的野心。

前两天，葛总跟我开玩笑说，不想当总编的记者不是好记者。我回复他说：我就不想当总编！给我涨工资的话，我当然强烈欢迎；但给我安个什么职位、头衔，我肯定不要。

刚毕业那几年，我确实有过职务晋升方面的期待，后来之所以放弃，是因为我发现自己确实不具备那个能力。再后来，从我做销售及写博客的那几年起，我的心态完全变了——涨工资的话，我很期待；但要我去管理人，那可没门儿。我是热爱自由的人，不想操那些多余的心。而当个什么领导，显然会挤占我刷屏及勾搭妹子的时间。

人最大的痛苦，是有了不该有的梦想，却无法实现。而我，对此有着清醒的认识。

能安安静静地当好一个小兵的士兵，就算好士兵；而那种天天想着当将军的士兵，则肯定不是好士兵。

太浮躁，收获的是失落；不浮躁，降低期望值，并付出最大的努力，收获的会是惊喜。

至于上面说的"表达欲太强"的浮躁党，最重要的是要掂得清自己究竟是几斤几两，不要把自己的声音看得那么重要，在你还没有搞清楚事情来龙去脉的情况下发表的"见解"，是没人愿意听的。

当然，这一点说起来容易，做起来难。我原先在保险公司接受培训时，学到的最重要的一项沟通技能，就是：少说，多倾听。

在2015年2月之前，我没有读过任何心理学方面的书，但我一直被很多朋友认为具有心理咨询师的潜质，"是一个可以说话的人"。我是怎么做到这一点的？别人跟我说话的时候，我不会把自己看成一个很重要的人物。我知道，我不具备在一知半解的情况下就准确回应别人的能力，我就耐心地、静静地听别人说完，然后自己再发声。

只有在你准确地理解了别人的意思，再一句话说到别人的心坎上，别人才会觉得跟你相处起来特别轻松，"这是一个值得深交的人"。

我在看别人的文章时，如果没读完全文，从来不会急着发表任何自己的看法，主要是害怕被耻笑。因为，万一我为他的第一段点赞，而人家却在最后一段神逆转，否定了第一段呢？万一我看完第一段就骂，而到后面一看，他其实说的跟我是同一个意思呢？

尽管是一个做杂志的人，但我几乎从来不看杂志，尤其是新闻类杂志（像《新周刊》这种，偶尔会翻一翻）。我宁可看大部头的书，但不是为了追求什么"深度"，我只是担心在杂志上看了太多快餐类的东西，如果我在几十年后拿出来装×，很有可能会被人笑话，说我肤浅。

我知道，有些人很讨厌别人装×，因为别人"装×"不经意间刺痛了他们的自尊心。可是，没有一颗装×的灵魂，哪来牛×的人生？

你本不是牛×的人，但装×装得久了，也便是了。

所以，要把装×的需求当作戒除浮躁的动力。

最近两个月，我发现了一个比较奇怪的现象：微信上流传最广的，往往就是那种"一看标题就能猜出来写的是什么"的文章。老实说，绝大多数时候，看到这种文章的标题，我根本就没有打开的欲望。

有几次，我为了验证一下自己是不是过于自负，就耐着性子打开看了一下，果然，内容跟我猜想的一样。对于我而言，读这种文章学不到任何东西，不过是浪费时间。

广大人民群众喜欢读这种我口中"学不到任何东西"的文章，绝不是因为我的知识比他们多，对我无用的东西对他们有用，而是因为，大多数人在手机上的"阅读"，根本就不是为了学到有价值的东西——微信的阅读目的重点是寻找认同感，需要别人尤其作者给自己"壮胆"。"通过分享的文章来证明我的逼格"，这种动机其实跟芮成钢自称与美国前总统克林顿是老朋友性质相同。

时间很宝贵，我建议，以后如果再遇到这种"一看标题就能猜出内容"的文章，就别打开了。

有一次，在跟一个新锐派女作者聊天时，在对她的潜质表达了羡慕嫉妒恨之情后，我也给她提了两个建议：以后在阅读的时候，要注重知识结构的均衡，不要只读那些"写给女生看的书"；在写作的时候，也尽量少写那种"一看就是女生写的"的文章。

我强调与作和阅读都要淡化性别色彩，可能会有人觉得，这涉嫌性别歧视。我不想过多地辩解，但我真心觉得，那些一看就是有些专门写给女生看的很肤浅的文章都没什么营养——

长期读这种东西，会让你的视野和思维都固化。但像六六和龙应台这样的作家，她们的大部分作品，你能一眼就看出来作者是女人吗？反正，我不行。

再就是阅读的时候，要对那些"毁三观"的文章，保持耐心，仔细看一看人家到底说的是什么。接受与自己不同的观点，才不至于让自己成为绝缘人。

前段时间，有朋友把一篇文章的草稿发给我，征求我的意见。我直接激动地说"非常好"。他问为什么好，我的答案出人意料："因为，它严重地刺痛了我啊。"在我心目中，最好的作品未必是那种得到读者一致拥护的"表达了我的心声"的作品，这种作品往往只能是引起读者情绪上的共鸣，却不一定能提供真正有价值的东西。而那些严重刺痛了读者的东西，反倒更可能提供新的东西，读者被刺痛了，觉醒了，从某种执迷不悟中走了出来。

被刺痛，并不可怕，只要认识到问题的症结，就还有改变的可能。

⏰ 一看你的简历，我就知道你还嫩着呢

　　乔布简历（一款专业简历制作工具）官网的朋友邀请我面向正在求职的学生们做个在线分享，讲一讲对小朋友们找工作有帮助的东西。老实说，我当时心里很忐忑。

　　我在大学毕业的前几年，求职方面都非常失败，第一份工作是保险。我甚至在找不到工作的时候打算去富士康当一名普工，后来因为自知动手能力太差，害怕被开除而作罢。让我来给学生讲求职经验，实际上就等于让一个loser给别人讲"如何成功"，听起来很滑稽。不过，后来再一想，我虽然缺乏成功的经验，但我多的是失败的教训；教训许多了，便可减少一些失败的教训。因此，我虽然走过不少弯路，但我的经验教训仍

然是有点价值的。

分享做到一半的时候，小乔同学在QQ上对我说："苏老师，您真的好动情。"

我说："我看到这些孩子的提问，犹如看到八年前的自己，当年，我比他们更迷茫、更无助。"

实际上，看到她写的"动情"两个字，我忍不住鼻子发酸，到后来，泪水直接在眼眶里打转。当然，这泪水并不是心酸的泪水，而是自恋的泪水：当年那么难，我居然能够挺过来。

下面，我挑选几个问题及我的回复分享给各位正在找工作的同学，说得不全对，还望多多包涵。

Q：面试官总问为什么没有相关实习经验，该如何回答？

A：最好诚实回答。在这个问题上，不要耍什么花招，你撒谎，很容易被识破。

比方说，你因为一直在准备考研而没有实习，这个原因不会让面试官对你的影响打折扣。

如果你是尝试过找实习，但最终没有找到，也可以告诉面试官，这会让他觉得你确实是为找一份实习工作做过努力的，态度端正。

也可能你之前是对实习心存畏惧心理，没有行动？如果是这种情况的话，最好用第一种情况来掩饰一下，因为他无法去求证。

如果是因为准备公务员考试而错过了实习机会，最好不要告诉面试官吧。如果我是企业里面的面试官，听到你为了考公务员而放弃企业实习，第一反应就是不要你。都什么年头了，你在求职的价值排序中，还把公务员排在企业前面，是不是太不识时务了？难道我们公司就是个备胎吗？

当然，期望值也不要太高，不要指望一个答案能帮你搞定一切。因为，无论你回答得多完美，最终都有可能被拒绝掉。

Q：不打算从事本专业方面工作，对想从事的工作却又没有任何相关工作经验，能得到面试机会吗？

A：这得看具体的用人单位的要求吧。

还有，即便是招聘简章上注明了"有相关工作经验"，你并不符合，但只要其他条件突出，或者，他们确实找不到一个满意的，你也是可能得到面试机会的。

我换过四次工作，每次都不符合招聘要求，但得到的面试机会非常多。

Q：单位看到简历上学校里的项目经验跟他们做的东西无

关，接下来的面试就兴味索然，怎么办？

A：这个问题非常好，实际上，这是很多应届毕业生菜鸟常犯的一个错误，我以前也犯过。

你不能用同一份简历去应付所有的用人单位。事实上，那些找工作牛×的同学，他们有多份简历，分别投给有不同需求的单位。学校里的项目，如果跟这份工作无关，就别写了。

郑重提醒：简历上，忌讳内容写得满满的，但都是些小渣渣事情。这种小事写得越多，表明你越不自信。并且，从HR的角度看，这样太浪费他的时间，因为没有重点，可能在简历这一关就把你淘汰了。

不要在简历上写一大堆你修了哪些课程，没什么用。

此外，不要在简历上写你不擅长的东西。

2007年年底，我去昆山一台资企业面试，是群面，面试官首先要求一个女孩用英文做自我介绍，那女孩说她不会。面试官问：你不会，可是，你简历上居然写的是通过了英文四级。那女孩辩称：可我确实通过四级了啊。这时，面试官taught her a lesson（给她上了一课）：自己不擅长的东西，就不要往简历上写；写在简历上的东西，一定得是你自己擅长的。

当然，我这么说，很多同学会很受伤。因为经历牛×的同学可以很任性地写简历，但实际上，大多数同学的经历都跟我当年一样，没有大事可填，那怎么办？

不求多，求精。比如，你只是学生会里的一个普通干事、校园超市里的一个店员，这个职位毫不起眼，但是如果你能在简历中把你在这份校园工作中的收获写透，写别人想不到的地方，这样面试官就会对你很感兴趣。

另外一个是，有个性。

我在2013年从销售转行做记者，一般来说，媒体招聘记者要么要求有相关工作经验，要么要求应届毕业生，但我两者都不符合，当时我毕业都六年了。于是，我在简历上写了自己在博客上、人人网上的文章受欢迎程度，还加了一句"杂文的灵感来源于跟男人抬杠的过程，散文的灵感来源于跟女人调情的过程""高中以下学历者读起来不觉深奥，博士生导师读起来不觉肤浅"。

这种就很吸引人，直到现在，两年半过去了，我的领导还经常念叨起我的简历。

总之，简历不要拘泥于条条框框，最好能呈现一个独特的你。

Q：大学期间应该翘课去获得工作经验和兼职机会吗？

A：你不感兴趣、老师也教得不好的课，没必要上，先别说去实习了，就是翘课去图书馆一个人看书也是值得的。

很多同学认真上那些没什么价值的课，就是为了绩点、奖学金。等你毕业了，你会发现这些东西真没什么用。我以前在班上，绩点一直是倒数第几名，但即使到现在，学识上也不见得我比其他同学差多少。说得不谦虚点，可能比大多数人都强。对知识的热爱、持久学习的动力，比考试分数重要几万倍。

翘课去兼职，个人觉得，大三下学期开始比较合适，大一大二还是要以学业为主。不喜欢听的课，可以自学，但如果很早就考虑求职，翘课去实习，那就是把大学当成职业培训所了，这样的话，你还不如去上个高职划算。

翘课获得实习经历，能让你在找第一份工作的时候，比别人更快。但大学期间认真读书，打好底子，则能让你走得更远。二者不可偏废，每个人都需要根据自己的具体情况去寻找平衡点。

Q：如果要读研究生，本科期间实习还有意义吗？然后是不是大多数用人单位在以后的晋升中，研究生比本科生更具有优势？我听很多学长学姐都说本科的低年级的知识到公司根本用不上，去实习基本上是端茶送水的，谢谢。

A：问题非常好。

你本科期间实习的目的是什么？如果研究生毕业后打算继续做学术，那你在本科期间的实习是没用的。

但如果研究生毕业后还是去企事业单位工作，那你在本科期间的实习经历，哪怕是跟你要找的工作毫不相干的实习经历，也是有帮助的。为什么呢？在用人单位眼里，你只要有过一份实习经历，哪怕跟他的需求无关，你就跟别的应届生不同了，这就相当于"非处女跟处女"的区别。

没经验的应届生这个身份，本身具有一定劣势，因此，你找一份实习的工作去摆脱这个劣势是必要的，哪怕是端茶倒水的经历，因为我就是从跟端茶倒水一样简单的事情做起来的。但当我干过这种工作几个月后，再去找工作，发现面试机会一下子增多了。如果底子确实不好，不妨走曲线道路。

晋升中，研究生是否比本科生更有优势，这要看单位、岗位吧。可以确定的是，在大多数单位和岗位，在工作几年后，学历、牌子基本是没有什么用处的（毕业的前三五年有用）。只有在某些行政事业单位、科研或金融等专业性特别强的岗位上，学历才有用，但也是仅供参考。

别怕，你的面试官自己也专业不对口

这是我在乔布简历官网做分享时问答的一个问题。

问：我是一名应届生，综合能力和各方面条件都不错，想往人力资源方向求职，但之前没有相关的实习经验，个人专业也是与人资无关。有些直接看专业经历不对口就把我刷掉了，有时候凭借综合能力进入最后的面试，却会被高层婉拒："你没有相关知识和经历，我肯定会优先考虑人力资源专业的学生，起码他懂我说的专业名词，拿来就可以用；而你就算学习能力强，你也没有一直接触人力资源的那种思维方式，而且培训你也是需要时间和成本的。"很伤心，怎么办？

苏：不是这个专业的，可是，这个专业的基础类书籍一

个月看两三本，没问题吧？面试的时候，不经意间，不用
他问，你拿里面的知识来装×。给他一种"我虽然专业不对
口，但我有热忱，我确实付出努力了"的感觉，这样，他对
你的接受度就会提高。

你还可以冒险问：可否冒昧地问一下，您本人是人力资源
专业科班出身吗？如果他的答案是否定的（概率非常高），你
继续可以追问：你都不是科班出身的，都当上HR的领导了，
如何断定我就一定不行呢？

如果他自己是人力资源科班出身，你再问大boss是不是？
肯定不是啊。非科班出身的人都能当你的上司，我这个非科
班出身的，为啥就不能当你的下属呢？

你这样问，就算他不认同你的歪理，但一定会钦佩你的机
智。（希望这篇文章不要被HR看到。）

要胆大自信，不要怕得罪他。因为在这种情况下，劣势
很多的你，不得罪他，也不会有任何机会；得罪了，可能机
会就来了。

看了上面一段，肯定会有人骂我瞎扯淡，那我给你讲个我
自己的故事：

2008年4月，我去昆山一家公司面试。面试官看了我简

历之后说："你不到一年的时间就换了两份工作，可我们这个岗位很重要，我们需要的是能够重点培养、可以长期使用的人。"

我假装不懂地问："你是担心我短期内会跳槽吗？"

他说是的。

然后，我淡淡地说："按照你的意思，假如两个人一起去领结婚证，走到路上，一个突然问另外一个：'你会不会马上跟我离婚？'这明显缺乏自信啊。"

他问："你的意思是，我不够自信？"

我说："不是对自己不自信，而是对你所在的公司缺乏信心。"

回去之后我想：今天要么是直接被咔嚓，要么他对我印象特别好。结果，很快就录取了。那段时间，我参加过十几家公司的面试，就这家录取了我。

因此，冒犯一下面试官并不是一件多么严重的事情。

我总结了一下，同学们的各种提问，涉及"专业不对口"和"缺乏相关工作经历"的最多，那么，我来讲两个关于"专业不对口"和"缺乏相关工作经历"的例子吧。一个是朋友的，一个是我自己的。

　　四年前，我一个朋友去上海的一家电子类企业应聘销售工作。事前，在他哥的安排下，他跟我的另一个在电子类公司做老板的同学有过交流，根据交流所得，做了一份PPT。面试结束之后，他把那份PPT交给了面试官，最终他被录取了。

　　那个朋友的底子其实很差，面试表现也不佳，打动面试官的就是他的用心程度。

　　而我自己，2013年从销售改行做记者，从江苏镇江坐火车硬座33个小时来成都面试。面试时，在自我介绍环节，我首先是老老实实地把自己的劣势全部摆出来："在今天来面试的人中，我应该是年龄最大的一个，也可能是唯一既没有媒体工作经验又专业不对口的吧，从销售转到媒体，算是半路出家。"

　　然后，我又话锋一转："但是，我最近通过马克·吐温、欧·亨利、王小波、黄仁宇等人的经历中总结出一个规律：在很多领域，尤其是在文学艺术思想领域里，半路出家的人要比那些科班出身的人更加有可能取得出色的成就——不是绝对数字，而是比率，譬如，科班出身者十个里只有三个能混出个模样，而半路出家的，十个里则可能有五六个都混得不错。"

　　看着他们脸上惊讶的表情，我知道自己的谬论引起了他们的兴趣，于是便接着补充道："这看似奇怪，实则在逻辑上很容易解释——一个人科班出身去干一份差事，大都是出于本能和习惯，是为了混口饭吃，与爱好、志趣关系不大，所以不会怎么投入；而当一个人选择半路出家去做一件事情的时候，他要么是兴趣浓厚、破釜沉舟、自断后路，要么是其他路都走不通，因此会格外投入。既然已经不存在'备胎项'了，当然能在这个新领域投入极大热情并取得成就了。"

就这样，我硬是通过玩弄逻辑，将自己的劣势给说成了优势。

面试结束离开的时候，我还特意问了总编一句："假如这次不能被录取，以后，我可否来这边实习？现在，我在江苏那边还有点事情，等处理完后，到九月底或十月初，我会辞掉工作，找一个媒体全职实习，就是不要工资，纯粹学习几个月。"

我的面试官后来说，我面试时的表现打动了他，估计就是因为"不要工资来实习"这段吧。诚然，一开始我并没有被正式录取，但我有幸被列入了"备胎"的队伍中。主胎出问题后，我就替补上来了。

因此，如果在面试中无法被录取，你可以尝试着先做一个"备胎"。

◑ 专业对口，并不那么重要

　　"教语文可是教一个民族文化的根。你是在教育这个孩子今后一辈子赖以生存的情感的根。要谈恋爱是要语文的，要哄老婆也是要靠语文的。"这是贵州大学校长郑强在全国人大代表教育改革专场访谈上的一句话。作为历史学这个"冷门专业"曾经的毕业生，我们向来跟中文系是"同气连枝"，因此，听了郑强校长的这句话，我顿时有了一点"扬眉吐气"的感觉。

　　如果你是在大学读的中文、历史等基础学科，肯定会经常遇到"你们毕业了之后做什么工作"之类的问题；倘若读的是哲学，说不定还会被额外补上一个请求："赶快给老子算一卦！"在一个制造业大国里，文史哲专业毕业的学生在求职时因专业不对口而受挫是必然的。但在2014年10月，媒体公布的"最难就业的15个专业"榜单上，"领衔主演"竟然是市场营销、电子商务等热门专业，而文史哲等冷门专业却无一上榜。

何以至此呢？仅仅用"风水轮流转"来解释是不恰当的。基础学科教育的关键在于培养思维能力，而非学习现成的、可以立即在工作中派上用场的知识；从短期内来看，这些在求职时"对不上口"的知识，可能真的是无用的，但这些无用之识对一个人的塑造是长期的。

以叱咤风云的"92派"企业家为例，这个企业家群体有一个共同点：绝大部分都是文科生，极善于表达，甚至是很雄辩。而一个善于表达的人，在跟别人的交流中，肯定能掌握很多的主动权，并且，人文素养也可以使他们显得更有魅力，吸引别人主动来跟他们交往。

所有专业的设置都跟市场接轨，学生毕业后全部都能找到专业对口的工作的，那是职业培训所，而非大学。对于求职者而言，务必要专业对口才能胜任的，那是插进螺孔里面的螺丝钉，而非操作螺丝钉的人；是被驯服了但又技能有限的猎狗，而非指挥猎狗的猎人。

我们在应聘一个普通小职员的时候会把专业对口看得很重，但没有哪个人在谋取一个大公司的董事长职位时会因自己的"专业不对口"而感到沮丧，况且高校的专业设置中也不存在"董事长"这个专业。你希望做猎狗还是猎手？如果你更倾向于后者的话，请别纠结于自己的专业是否对口。

那些需要严格对口才能就业的应用型很强的专业，一旦供过于求，立马失业。前几年，在光伏产业的鼎盛时期，江西等地办了很多光伏学院，专业设置倒是很合理，毕业生的收入也很高。但在光伏行业不景气的时候，那些学校的毕业生真是要多惨有多惨，因为专业太对口了，反而有了局限性，导致可选择的面太窄。假如像我一样学的是个"无用的专业"，他的选择面就很广——我既做过产品开发，也做过销售，后来又做媒体。

我在历史系的同学，毕业后有做会计师的、做银行风险管理的，还有做广告文案的，并且还都做得不错。一个朋友说："有时候，职业技能反而会成为一个壁垒，让你的职业选择仅仅局限于某一个领域，不管你喜欢还是不喜欢；如果干脆啥都不会，反而可以选择一个自己喜欢的了。"

　　所以，尚在学校的同学们，请不要寄希望于一定能找到专业对口的工作。我想，比这个更重要的是，你得考虑，如果专业不对口，该怎么办？最好是在本专业之外，尽量多学些其他方面的知识，把自己培养成一个在有限范围内的通才；比学知识更重要的，是要培养学习的能力和兴趣，在离开学校之后仍然能够学习新的技能。这样一来，面对一份专业不对口的工作，你尽管在刚进去的时候无法胜任，但经过一段时间的学习，你就能干得很出色了。

　　再就是，如果刚学到了什么东西，就期望它能立即转化为现实的生产力，这样想就太功利了。

　　前年春节时，去一个中学同学家。同学老爸一听我大学学的专业是历史而工作竟然是销售，就说："这娃，学到的东西都没有用上啊。"

　　我说："我在学校学到的东西，尽管没有在工作中直接派上用场，却在聊天和吹牛的时候用上了。"

　　我觉得，扯淡和吹牛是人类精神生活的重要组成部分。无用之识对我的最重要用处，是让我变成一个会聊天会扯淡的人，我身边的很多朋友都觉得跟我聊天非常有意思，他们很喜欢和我聊天。所以说，没有找到专业对口的工作，并不意味着专业的东西就浪费了，它们其实都在间接地发挥着作用。

再回到开头那句话"哄老婆靠语文"，其实，那些不对口的知识，只要用得妙，都可以用来追女人。不仅可以用来追女人，而且可以吸引女人来倒追。

有两种男人最有可能被女人倒追：搞体育并且颜值也很高的；搞文艺的——似乎，搞文艺的男人一旦让女人癫狂起来，哪怕穷点也无所谓、长得丑点也无所谓、生活自理能力差点也无所谓。并且，从苏格拉底、卢梭、马克思、钱锺书、王小波、李安等人的经历来看，这些"无用的男人"即便"专业不对口"，也不会抬不起头。毕竟，哄老婆是不需要专业对口的，而且，专业不对口的反倒可能更会哄一些。

我这个专业不对口的人在微信上发了一句话："最好的伴侣，就是那种能够勾引出你最多笑声的人。"

这句话反响很好。有人在评论中说"勾引"这个词很销魂，他们不知道的是，我这个人更销魂。其实，我写这句话，是为了给某人"洗脑"的。

○ 唯才是举，比要求有相关工作经验更重要

一个自己经营企业多年的同学电话告诉我说："我们平时招聘销售员，有的是之前有过相关工作经验的，有的是没经验的。但我最近发现，那些有经验的人在入职后，工作成绩反而往往比不上那些毫无经验的人。甚至，有经验的人大多是以失败而告终，这是为什么呢？"

我回复道：你现在提出这个问题，让我感觉到你的思维水平退步了。还记得不？两年前咱们就讨论过这个问题，当时你就质疑"有相关工作经验"这种招聘要求。你说了一句比绝大多数HR都有水平的话——"有经验的人，既然人家在其

他公司干得好好的，为什么要来你这里？"言外之意是，通常有经验的人跳槽到你这里，是因为他在原单位干得不好；"既然他在原单位都干得不好，你凭什么指望他能在你这里干得很好呢？"

企业在招聘新员工时，往往要求"有同行业同岗位工作经验"。这其实是很有问题的，除去该同学之前质疑过的"在原单位干不好，在你这里能干得好的可能性不大"之外，还有一个原因：有经验的人，往往会把原先形成的错误的思维定式带到新的工作中来。平时，很多人把经验这个东西看得太重了。经验只是一种技巧性的东西，并非什么核心竞争力。你想想，一个人有经验，往往就会有与那些经验相伴随的思维定式。此外，在相关领域待久了，很多人就成了老油条了，他把一些不好的习惯带进新的工作中，改不过来，甚至就没打算改。

郭台铭在分析晚清衰败的原因时给出的一个解释，超过了大部分历史学家的水平。他说，晚晴衰败是因为前面的康乾盛世太成功了，于是后面的人就一直在复制前人的经验。正是对经验的过度利用导致了失败。"**过去的经验，不能保证你明天的成功，反而可能让你变得更加无知。**"

因此，偏好招有经验的，只图他们"上手快"，这样的用人单位往往比较短视、急功近利，因此也不会有太大潜力。

相反，倘若你招的是一张白纸的人，他知道自己啥都不懂，所以反而比较谦虚老实，便于塑造，执行力也会比较强。

对比之下可以发现，在通常情况下，差的公司更喜欢招有工作经验的，而500百强企业、央企以及联想和华为这样的优质民企，在招聘非管理层岗位时，他们更偏好应届生，因为可塑性强。当然，某些公司不喜欢应届毕业生，这也不能全怪企业，员工跳槽太频繁，小公司实在负担不起这个成本。

听完我这个不太靠谱的概括后，同学又问："也有不少大公司招聘时都要求有多少多少经验，难道他们都错了吗？"

我说："可能他们也不一定认为这样是对的，只是认为这种做法风险不会太大而已。一般来说，有经验的人未必会多出色，但即便差劲也不会差到哪里去。而没经验的人可能有很大潜力，但也可能花很多成本培训了之后仍然一无所获，招聘他们是要冒风险的（但大部分HR不敢冒这个险）。因此，'有相关经验'便成了保守型用人单位的首选。"

除了能力之外，那些从其他地方跳过来的、有经验的员工，在忠诚度方面也不如自己培养出来的。

在婚恋中，人们更偏好"无性经验"（人文素养差的人更容易如此），为什么一到招聘员工时，反倒如此看重经验呢？

当我正在写上面几段话的时候，该同学又发给我一张照片，是他家门口的麦当劳的招聘广告，上面写的是：别人考核你的经验，我们挖掘你的潜力。

这句广告词真牛×。

发现和利用现成的千里马根本就算不上真本事（更何况，有经验不等于就是千里马），真正的伯乐是会培养千里马的。

⌘ 那些说你不适合的面试官，往往都错了

很多人在找工作的时候，常常会遇到一个无比闹心的问题："你不适合。"不仅你的面试官、同事、领导这样说，而且甚至连你的同学乃至家人也这么说。

连你自己也会无比纠结：我到底适合还是不适合？

那么，当别人说你不适合的时候，该怎么办呢？

首先，最关键的是，你得了解一下那个岗位的性质，需要什么样的素质才能胜任，并且正确地评估自己。

你先自己掂量一下：我到底适合不适合？如果连你自己

都心里没底，或者，明知自己不适合，那就休怪别人不看好你了。

如果真的不适合，就别硬着头皮去应聘了，这样会很痛苦。

一方面，每次那些阅人无数的面试官都会说你不适合，会让你的自信心受到摧残；另一方面，即便勉强通过了面试，日后适应的过程也会很痛苦，甚至你不得不辞职。

当然，如果你并不清楚自己到底适合还是不适合，或者明知自己不适合，但非常热爱这份工作，那么也可以尝试一下。

你既然对它充满热情，那么即便不适合，只要争取到机会，你也会千方百计让自己适应它的。这就像你为了自己心爱的人而做出一些改变一样，改变越多，你越快乐。

如果你断定自己很适合，而面试官却认为你不适合，怎么办呢？

平心静气地看待这个问题就好了。面试的时间那么短，面试官怎么可能通过寥寥数语就对你的了解超过你自己呢？

面试官断定你不适合，凭借的只是刻板印象和偏见（怎样的人不适合这份工作）而已，从概率的角度看，在无法深入了解每个应聘者的情况下，以偏见来筛选人，有助于提高效率，但你不小心就被误伤了。

不过，在这个时候，只要你能坚信自己是被误伤的——跟"刻板印象"相比，你是个例外，你就不会受他们的影响了。

也许，你会很委屈地问：我相信自己有什么用啊？他们还是不会录取我。

我告诉你，他们不录取你，你就去找下一家单位应聘不就行了吗？不要在那些不识货的人身上浪费时间。这就像在谈恋爱的时候，永远不要找一个不懂得欣赏你的人来践踏你的自尊。

你可能认为这个说法过于鸡汤，那么，考虑一下这个问题吧：

即使面试官是识货的，他们认为你百分之百适合，也照样可能不要你。并且，这也很正常。因为，他们可能遇到了比你更适合的人。

所以，要调整好心态，你要相信，在应聘者供过于求的情况下，大部分的面试都是无法通过的。调低了预期值，在面试被拒之后，你的挫败感就不会有多强了。

还有一种情况，你要相信，面试的人只是在面试的那一刻地位比你高，但他的水平却不一定高。

我曾经对我的一位领导说："我以前找工作的时候发现，大部分面试的人都没啥水平。"

我的领导表示强烈同意："对啊，只是他的工作性质赋予了他来审视你的权力。"

2009年，我在常熟的一家民营企业面试销售员，HR拿着我的毕业证和学位证，翻来覆去地看了四五分钟，我都等得不耐烦了，他问的问题居然都是学业方面的，跟工作岗位毫不相干。

你没见过名牌大学毕业生的毕业证，想仔细观摩一下，这种心情我可以理解，但你面试我，总得问几个有水平的问题吧？后来，他们副总面试我的时候，先介绍了一下他自己，说是个什么MBA，但我听了下他的问题，连我这个本科差生都不如。

当然了，水平这么差的面试官最终都没录取我。

时隔几年之后，现在，我的微信公众号粉丝中有大型外企主管人力资源的副总裁，有朝阳产业龙头企业的商务总监。我跟他们聊过，彼此惺惺相惜。他们愿意高薪挖我过去，还是要我做销售。

尽管我非常谦虚地说我不适合，但他们认为我适合。其中有一个为了把我抢到手，也为了说服他的总经理，还特别强调：激情比专业什么的重要多了。

前后一对比可见，前面那些面试官说我不适合，是因为他们自己水平太差，而非我的问题。

在2009年那一轮求职中，最终录取我的面试官是我接触的面试官里最有水平的一个。他也知道我很内向，但还是愿意调教我做销售。

值得一提的一件事情是，后来我的这位领导在辞职前还单独找我谈话，不是"临别遗言"，而是向我征求意见："清涛，你觉得，我下一步适合做什么？"

我果断地说："非常适合在大公司里面做人力资源或者企业管理培训，侧重于团队建设方面。"

他很激动地说："你跟我想一块儿去了。"

可见，以我的水平，如果在古代完全可以当个礼部尚书。这可比普通的HR牛×多了。可是，那些HR竟然说我不适合这不适合那，不是胡扯吗？

面试官说你不适合，还有一种情况是，"你不适合"="咱俩不合适"="我配不上你""我怕留不住你""我缺乏安全感"。

2013年，我从销售转行进入媒体，面试了将近十家媒体，最终只有一家录取了我，就是我现在的供职单位。在我当时面试的十几家里，就这家的实力最强，考试的试题也最有水平。

回想一下，有一家拒绝过我的单位出的笔试题里面，居然有一道填空题，需要填写的是龚琳娜的歌曲作品中被称为"神曲"的歌名？

试问：这种题有什么意思？尽管笔试我通过了，但还是鄙视他们。面试的时候，他们说工资太低，怕我不接受。我说工资低没关系，但他们最终还是没要我。

所以，他们以为我不适合，其实是他们觉得自己庙小，怕容不下我这大佛。

除面试官外，可能还有一些你的同学、朋友、亲戚，甚至父母会说你不适合。如果相信了他们，你就上当了。

在电影《当幸福来敲门》中有一句台词：那些自己没有成才的人，总会说你也不能成才。这几乎是绝对真理。我行走江湖多年的经历都告诉我，那些自己无能的人，总是以为别人也跟他们自己一样无能。

话说，我当年从制造业转行做销售时，几个资深销售人士，包括当老板的朋友，包括招商引资做得特别好的朋友，包括媒体的销售大亨，都强烈支持我。但一大群从未做过销售的人来告诉我："你不适合。"

我总结了下，他们说我不适合的理由无非因为我不抽烟、不喝酒、不会带客户进娱乐场所。在我进去之后，有人劝我跳槽："你一个月挣的那几个钱，还不够买一包手淫完后用来擦手的卫生纸。"

两三年后，我做得有些起色了，而那些对我说"你不行"的人仍然在过着朝九晚五的生活。当年，我每天打电话的勤奋劲儿，就跟应聘中的求职者差不多。为了保证白天的时间全部用来给准客户打电话，我都是在晚上查资料、整理名单；到了白天，除了午休、午饭前半小时和下班前半小时之外，其他所有的时间，我全部都在打电话。

后来，我打算转行到媒体，一大批在媒体从业的朋友都说我可以，甚至还说我最适合做调查记者，而几个整天感慨人生失败，抱怨活得没意思的人，却对我说"你不适合"。我没听他们的，转行后很快进入了状态，而他们几个仍然对人生充满强烈的挫败感。

实践已经证明并将继续证明，只有loser才喜欢给别人的热情泼冷水，喜欢传播负能量。

loser传播负能量，这让我想起小学时学的一篇课文《小马过河》——所谓"过来人的经验"，在大多数情况下，都是"loser的教训"，认为"你应该也跟我一样矬"。

loser给别人泼冷水，有两种逻辑。一种就是上面说的，"因为我不行，所以，别人应该也不行"；另一种是，他们害怕自己做不到的事情，万一别人做成了，自己的自尊心会受伤，因此，千方百计地让别人做不成。

我们做任何一件事，都会遇到不同的声音。不过，在面对争议的时候，大多数人都倾向于向loser发出的愚蠢的论调妥协，这也就是他们为什么老是深陷在挫败的泥潭中出不来了。要改变命运，首先就得远离那些喜欢散发负能量的loser。

因此，在你找一份自己很喜欢的工作的时候，如果身边的人说你"不适合"，你最需要做的，不是怀疑自己，而是怀疑对方。你仔细看看，给你泼冷水的这个人（包括你爸妈）是成功人士，还是loser？是比你强的，还是不如你的？我敢断定，百分之九十的情况下都是不如你的。

一个不如你的人给你卜"你不适合"的鉴定，能有什么分量吗？

说到你父母不如你，这个有点"政治不正确"，但你倘若不是"大学白上了"，你在文化素质、眼界、判断力方面都肯定超过你的父母啊，你凭什么要屈从于他们那错误的观念。当然，也有不少父母是比自己的孩子强很多的。但事实上，这批父母恰恰很少干预子女的人生。

别人用一句"不适合"来裁决你的命运，当然是说得轻巧，但倘若你要真相信，那就被误导了。他们之所以敢信口开河地对你说这说那，是因为，他们不必对你的人生负责。而你，则要对自己全权负责。

最后送大家一句终极鸡汤：从我这几年的经历及身边人的表现来看，如果你心态足够好、有激情，则即便是原本不适合的，你在摸索一段时间后，也能适合；而倘若心态不够好，做事没激情，那么无论什么工作你都不适合。

⊙ 请别人开书单之前，先确定自己真的读书

　　自从我通过装×把自己"伪装"成一个学识渊博的人之后，每隔一段时间，就会有人来对我说："推荐几本书吧。"

　　每次遇到这种问题，我都十分为难。

　　我是不怎么读书的，尤其是26岁之前根本就没有读过几本书——教科书除外。而26岁之后，我花在码字上的时间又比读书的时间多，以至于有朋友调侃我："你是低输入、高产出。你当然没时间读书了，因为你在写书给我们读。"

　　但我又不敢对任何一个请我开书单的人说"我不读书"。

这样，人家会骂我"没诚意"。

另一方面，我读过的为数不多的几本书，几本都是"偶遇"（无意间看别人的文章里提到、朋友跟我聊天时提到、在别人的书架上看到），这种偶遇比较有浪漫色彩，因而我会对它充满激情。而别人对我说"推荐几本书吧"，在我看来，违背了我长期坚守的"偶遇法则"，这种没有细化的、宽泛的需求，就好比别人对我说"给我介绍个对象吧"一样让我无所适从。

给别人介绍对象，这么不浪漫的事情，我可搞不来。如果别人在搞不清我的需求的情况下给我介绍个对象，我会百分之百性冷淡。以己度人，我猜测，我给别人介绍个对象，别人应该也会性冷淡。因此，我从不贸然地给别人介绍对象。我不大喜欢给别人推荐书，就跟我不喜欢给别人介绍对象一样，是担心他对我推荐的书没有激情。

大致上，找人推荐书的动机和结果无外乎这几种：真的想读，并且你推荐的书，他在认真评估了之后，也真的会去买、去认真读；他会选择性地购买你推荐的书，但只买不读；你推荐了什么，他连书名都记不住，甚至连书名都没有认真看完，即使看完了，也压根儿没打算买来读——他找你推荐书单，纯粹就是无话找话，他口中的"推荐几本书吧"，就跟某些人的"美女，这个座位有人吗"一样，是为了搭讪的。

在江湖上混了这么多年，我基本上可以分得清谁是哪一种了。毫无疑问，绝大多数都是第二种或第三种。**真正认真读书的人，很少会毫无方向性地对别人说"推荐几本书吧"。** 当然，无论哪类都比那些瞧不起书呆子的人要可爱得多——作为一个资深书呆子，在相当长的历史时期里，我曾经深受那些不读书的人的歧视，自尊心严重受伤，所以，我至今对此格外敏感。

大体上，经常请别人帮自己开书单的人，都是不怎么读书的人，或者即使别人开了书单，他也不一定会读的人。这样的人都有一种错觉，好像只要请人给自己开了书单，就等于自己已经看过书了一样。我在高中的时候就发现，很多并不认真学习的人，特别喜欢买辅导材料。

用行动派编辑橘子同学的话说就是："很多人，光说不做，做一件事情之前恨不得全世界都知道自己在积攒正能量呢，结果，读没读也就他自己知道。"

为什么明明不喜欢读书的人，却那么喜欢让别人开书单呢？因为，请人开书单就跟买教学参考书一样，是一种"政治上正确的事情"，这样做，意味着自己态度很端正、很好学；

他行动力跟不上，但迈出这个"政治上正确"，就对自己有了一个交代，给了自己一个安慰。

此外，那些在价值观层面上认为"我应该多读书"，但行动力跟不上的人喜欢问别人"你平时读什么书"，本质上就跟缺乏奋斗劲头的人喜欢读励志故事一样。但是，你读过一万个励志故事，也不如创造一个励志传奇有价值。

前几年，一个朋友的公司破产了，但他的精神状态特别好，你从他的神情中，读不到一点挫败的味道。当时，我说他跟史玉柱很像。于是，在场的另外一个朋友对他说："你应该赶快买一本写史玉柱的书读一读。"我说："但史玉柱可不是因为读了关于史玉柱的书才成为史玉柱的哦。"那些励志故事的主角，从来都不是靠读励志故事而成为后来的那个样子的。

经常有人在看了我这个"输在起跑线上"的人的一些故事后对我说："你的经历好励志啊。"但我从来就不喜欢读励志故事。

之所以我根据自己的人生经历整理的"流水账"能成为别人眼里的"励志故事"，主要靠的就是行动力。我做事通常都很有计划，并且尽量按计划执行，但我的计划从来没有在纸上出现过——我在潜意识中认为，把计划写在纸上，会显得"底气不足"。

说得再漂亮，都不如做得漂亮。

当然，我绝无意将所有喜欢找人推荐书的人都一棍子打死，而是说，找人推荐书这个事情没那么重要。最重要的还是，别人推荐之后，你要去认真读。

如果没读，或者压根儿就没打算读，就别在那里假模假样地求推荐了。

⟳ 做"学霸"是一种怎样的体验

《在这个浮躁的时代里，如何不浮躁地活着》一文发出后，有不少读者在后台留言给我，让我"现身说法"：不浮躁的人，日常工作和学习的状态都是怎样的？

说句实话，在做自媒体以来的几个月，我自己也变得有些浮躁了。但我也确实经历过一段漫长的不浮躁的岁月。

一、我是"学霸"吗

我的那篇很火的文章《世间所有的内向，都是因为无法忍受别人的无趣》，你们知道是怎么写出来的吗？

这篇文章是2012年正月初六晚，我在西安火车站的候车室候车和刚上火车的时候写的。当时用的还不是智能手机，没有记事本或word，我直接写在人人网的草稿箱里，写完后发现，火车上信号太差，发不出去。更悲摧的是，那个草稿箱字数上限是2000字，超过就无法保存了。当时已经很晚，火车很快就熄灯，手机也快没电了，我便到洗脸池那里，借着手机的微光，把多余的1000字抄到本子上，再删回2000字保存下来。第二天回到镇江才发现，回家前把电脑锁在办公室的保险柜里了，无法上网，只好去网吧完成。这是我在2012年全年写的日志中，自己最满意的三篇文章之一。

其实，就在那天上午，我还做了另一件奇葩事：从庆阳到西安的汽车上，快下车的时候，想起了个问题，就开始用手机写，害怕思维被打断，下车后没敢动，硬是站在火车站对面的公交车站下用手机写了一百多分钟才写完。没感觉到多冷，但差点尿到裤子上，憋得真难受。

这，就是传说中的"学霸"或"书呆子"吧？

多年来，我一直认为自己是书呆子，但却从未敢以"学霸"自居，也从未有人这样称呼过我。2013年年底，我向一个同学诉苦，说自己头疼从业资格证书考试，她突然来了句："像你这种学霸，还怕考试？"这是我第一次被人称为"学霸"。

之所以在29岁的时候还会被称为"学霸"，是因为大多数人在这个年纪已经不读书了。

我纠正道，我并不是学霸。因为我虽然"很用功"，但成绩很差。当然，在学习状态上，这几年的我倒确实像个"学霸"。

2013年9月初，在成都空军机关医院的手术台上，我一边接受手术治疗，一边在手机上默读《宋词三百首》。后来，翔宇同学听闻此事后，说想起了关羽一边刮骨疗毒一边下棋的场景，我说我当时也想到了，有同样的悲壮感。

10月底，有一天早上不小心把灯开关弄坏了，但白天又要上班，没时间找物业修，晚上回来只能两眼一抹黑，除了抽油烟机上面的灯能用外，其他的都不行。于是，我拿着《道德情操论》，把椅子搬到楼下，在院子的路灯下面看了三个多小时，到十二点多才上去。保安来巡逻的时候，跟他的小伙伴们一起惊呆了。这样的事情，在两个晚上都有发生。

正是这些"壮举"，让我可以配得上"学霸"这个"头衔"。

在学生时代，我从未获得过"学霸"这一荣誉称号。因为在我上高中时，虽然是低能高分，但彼时尚未出现"学霸"这个词；到了大学时期，我则是不仅低能，而且低分。因为有很多比我更爱学习的人，所以，"学霸"的名头自然是轮不到我了。

二、从以"学霸"为耻到"老子就是学霸"

不过，倘若不以分数论学霸，而单论用功程度的话，那我在大学阶段也算得上是"学霸"。

但是，这"学霸"有两个不同的阶段。

我一直觉得26岁是我的一个分水岭。26岁之前做学霸，是因为"不知道自己需要啥，不知道自己能干啥"，只好去读书，但实际上都没有读进去，效率很低。对这个阶段的"学霸"身份，我始终有种耻辱感。

26岁之后再做"学霸"，在这个阶段，我发现自己除了读书还能做很多事情，但相比之下，做"学霸"是一个最值得追求的事业。这个阶段的"学霸"，是自发的，读书与思考就像吃喝拉撒一样自然，也没有觉得自己有多努力。对这种状态，我其实还是比较自豪的。

但不论是在哪个阶段，我始终发现，在不少人眼里，"学霸"是一群无趣的动物。除此之外，"学霸"还常常被先入为主地认定为"高分低能""书呆子""生活自理能力差""不会享受生活"。我甚至还意识到，人们对高分低能的鄙视程度，已经远远超过了对低分低能的鄙视程度。

不同的是，在前一个阶段，由于自己内心还不够强大，我很容易向"舆论"屈服。在大二还是大三的时候，室友的高中同学电话上问他，你最近在干啥。室友是个比我还老实的人，他回答"忙着学习"。他挂了电话后，我一本正经地建议他：以后，别人再问你在干啥，你别回答说忙着学习。他问为啥，我说，因为很多人瞧不起认真学习的人。尤其是，认真学习了成绩还不好的，那就更加会被人瞧不起了。现在看来，我当时还是too young too naive（太年轻太天真）。

但到了后一个阶段，我学会了自黑，摆出一副老子就是书呆子、老子就是高分低能的架势，以达到先发制人的效果。在这个阶段，我不停地为书呆子辩护。在爱上"学霸"的生活后，我先后创造出了以下几段语录：

＿1

一个刚迈出校门踏入社会或即将踏进社会的人，如果你不是那种很快就能适应社会的人，那你一定会被你的学长、老板、客户或某些亲戚说成"书生气太浓"。诚然，他们是以嘲笑的口吻、居高临下的姿态来使用"书生气"一词的，但这个时候，你千万别觉得丢人；相反，如果你在工作多年之后还能被人误认为刚从学校出来，你应该以此感到自豪。

正如陈平原所说，在我们这个社会里，那些世故的人说你幼稚，这是对你良心的最大褒奖。挺住，"书生气"永远不能丢，它可是保护你，使你免于堕落的最后一道防线。我不融入大环境，这当然是事实，但这并不等于我就没有这个能力，而是这个环境实在太肮脏、不值得我去融入。书生气，是我们用来与外在环境中的龌龊力量对抗的一种有力的武器。

___2

做学术的人需要能够耐得住清贫，这似乎是个伪问题——对一个真心将学术作为最高追求、以思考作为人生第一等乐事的人而言，物质需求的地位是很次要的；因此，对他来说，清贫就绝对不是一种需要承受的"煎熬"，既然不是一种煎熬，那自然也就没有必要去"耐得住"了（虽然我也在努力赚钱，但即便赚不到多少，我也不会觉得特别苦）。类似的，"耐得住寂寞"也是个伪问题，因为寂寞乃是他的一种自愿选择，毕竟自古圣贤多寂寞。

___3

我一直不认为勤奋是一种多么宝贵的品质。勤奋，只有当它与乐趣相伴的时候才是有价值的，否则，勤奋就只能说明你在为一个功利的动机付出一个痛苦的过程，只能说明你蠢。充满抱怨的勤奋，远不如饱含惬意的偷懒值得推崇。（在"自我价值"的角度而言是这样，那些有社会贡献的特殊职业另当别论。）

—4

现在，我觉得"书山有路勤为径，学海无涯苦作舟"简直就是流毒。明知是苦，还要去勤，那肯定是功利的，肯定包含着不同寻常的期待，而一旦期待落空，则必然失落。

—5

一个人在自己非常热爱的事情上投入常人难以企及的时间和心血，并且，他这种投入也毫无功利目的，那么，这种投入是不应当被称为"用功"或"刻苦"的，因为"刻苦"是对他的自发热情的一种贬低。苏秦的"悬梁刺股"是刻苦用功，但像王小波那样熬夜写作以致英年早逝，无论如何是不能称之为"刻苦"的。我身边也有几个"学霸"朋友，但我并不认为他们很用功；相反，我更倾向于认为那其实是随性所致。

三、"学霸"都没有性欲？

当然，无论我怎么为"学霸"辩护，我们在日常生活中常常会遭遇不少尴尬——

比如说，当别人都围绕着鸡毛蒜皮家长里短聊得唾沫星子乱飞的时候，我们会像个傻×似的一脸茫然。然后，就被怀疑是不是有性格缺陷，是不是太孤僻。

比如，我们偶尔"正常"一会儿，别人就会觉得"哇呀，不得了了"。有一次，一高中同学短信问我在干啥，我说在看香港警匪片，他惊呼：你终于过上正常人的生活了。

有一次，我发了一句连续剧《我们结婚吧》里面的台词，然后，另一高中同学问："你这么高端大气上格调的人，还看这个？"

又有一次，我给一个实习生口述一个陌生人的姓名："蔡，'蔡依林'的'蔡'。"

然后，这位实习生很惊讶地问："苏老师，你还知道蔡依林？"

又比如，很久很久之前，跟台湾同事唱歌，我唱了一首林志炫的《蒙娜丽莎的眼泪》，尽管我唱得并不好，但大伙儿还是发自内心地赞不绝口"刮目相看"——书呆子也会唱情歌？

要求不能太高啊。又一次，一群人看电视，我突然点评了一句"有时候，女人的无理取闹，就是撒娇"，然后，一个小朋友说："居然连涛哥都看出来了。"

"连……都……"简直让我的内心受到了一万点伤害。

又比如，有朋友很好奇，你们"学霸"是不是泡妞的时候都是在谈文学谈哲学啊？当然不是了。我有那么二×吗？

其实，更多的时候，我们是把生活琐事以哲学或文学的方式表达出来，谈话的方式是轻松活泼和充满趣味的，而非生硬的学术讨论了。别的"学霸"怎么样我不知道，但我自己所追求的爱情，不是在恋爱的时候谈学问，而是把柴米油盐演绎成诗词歌赋。

再比如说，不少人会很好奇："学霸是不是都没有性欲啊？"（渡边淳一有类似的观点，大意是说"学霸"们大多性欲乏弱。）

对这个问题，我就不专门回答了，下面两段话可供参考：

人们普遍在潜意识中有一个错觉，即认为有才华的人——尤其是搞思想和艺术的人，都没有性欲。实际上，这种潜意识既对，也不对——搞思想和艺术的人往往处于两个极端，要么性冷淡，要么私生活极其放荡和混乱。

其实，冷淡也不是真的冷淡，而是生活的重心不在于此，或者自制力极强，奉行禁欲主义；而放荡，则是他们蔑视了普通道德，保持了天性。当然，两者也是可以转换的，即冷淡者偶尔尝到一次畅快淋漓的甜头后，可能会在一夜之间变得无比放荡，而如果放荡久了，也有可能归于冷淡。

哲学家，大多数都是性冷淡的。这又可大致分为两种情况：

一种是天然的性冷淡，所以不去追求女人，把全部的心思投入自己的思想事业中，因此在自己的专业领域里取得了非凡的成就。

另一种是追求女人的过程中屡遭挫折，为了摆脱痛苦，他们利用哲学来麻醉自己，使自己远离女人，时间一长就变成了性冷淡。对哲学家的不幸遭际持同情态度的人，大都是愚昧的、人生格局有限的——"他们并不懂得这个世界上还存在着比跟女人上床更有趣的事情"（陈纯老师语）。大体上，哲学家的情感生活在外人看来充满了悲情色彩，而他们自己却并没有过分的悲伤。

莎士比亚说："适当的悲伤可以表示感情的深切，过度的伤心却可以证明智慧的欠缺。"然也。

我还记得，很久之前，有一个小朋友问我：当"学霸"是一种怎样的感觉?

看到这个问题的时候,我想到的第一件事情是,以前看到一个"学霸日程安排"的照片,最逗的是那句"星期二、星期五晚上自慰"。当时,众位小伙伴都乐了。我在被逗笑之余,竟然也"感同身受",原因是,貌似在很久很久以前,我自己也那样"计划"过,只是未写在纸上罢了。当然,我"计划"的动机却是为了"做一个有节制的人",而不是为了"更好地学习"。当然,这么猥琐的"学霸"体验,是不太好意思跟人家小姑娘讲的,怕被认为是耍流氓。

四、别人家的"学霸"

我一"学霸"兄弟曾经跟我说,他曾经喜欢过一个女生,但自从看了她的书架之后,我就再也不喜欢她了。

还有一次,这位"学霸"新交了一个女朋友,我比较八卦地问他们相处得怎样。"学霸"以略带遗憾的口气说:"这女生,就是太爱学习了!"

我说:"知足吧你。我当然懂你的意思了——你不就是嫌人家'不太会玩'吗?你这家伙也真是的,人家不太会玩,你就嫌人家,可你自己是个什么样的人,难道你还不清楚吗?我告诉你,如果你喜欢的一个女生不太爱学习但又很会疯玩很可爱，人家还会嫌弃你书呆子、不太会玩、不浪漫及缺乏情调呢！你信不信？"

"学霸"基本认同我的观点。多少年来，我就很少追求不太爱学习的女孩子。这倒不是说我有多变态多苛刻、只喜欢女"学霸"，而是我比较能够正确认识自己——我不太会疯玩，所以势必无法满足那些不太爱学习的女孩子的需求。（不过，后来我尝试着把学习成果都运用到浪漫和情调上面了。）

屠格涅夫："如果能有个女人愿意每天喊我回家吃饭，我宁愿放弃我所有的作品。"—学弟点评：他会后悔的！

周国平："对艺术家、思想家而言，他最害怕的并不是无爱的孤独或失恋的痛苦，而是创造力的枯竭；只要创造力生生不息，不管感情状态如何，他都对生活充满热情。"

某哲学男："有人问我能不能像××那样，花两个小时坐车去找自己喜欢的女生，然后再花五个小时给她做饭。我想了想说，如果她能够跟我谈哲学的话，我愿意。"

五、女人会怎样对待"学霸"

在网上看到一个人的签名"愿得一学霸，白首不相离"，但估计这人如果真见到"学霸"了，会说"学霸，我们还是做朋友吧"？

她读着凡·高的传记，泪水汹涌，心想："如果我在那个时代出生，我一定要嫁给凡·高。"在凡·高活着时，一定也有姑娘想象自己嫁给更早时代的天才，并且被这个念头感动得流泪。而与此同时，凡·高依然找不到一个愿意嫁给他的姑娘。（周国平）

顺便说一说为什么女书呆子比男书呆子更容易获得异性的青睐。

通常，即便是女书呆子也未必喜欢男书呆子。但如果是男性，即使自己不学无术，也容易对女书呆子有好感。一个可能的原因是，这个社会对男人有着太多的不切实际的期许，认为男人就该样样精通才是完善的，而女人只要有一两个点很突出，大家便会忍不住向她竖起大拇指——这不是表面上尊重女性，实则变相地歧视吗？不学无术的男人喜欢女书呆子，一方面说明他自不量力，另一方面说明其价值观积极向上；不学无术的女性瞧不上男书呆子，通常则只能说明其价值取向"太主流了"。

✑ 天赋越差，越"不必努力"

"为什么越牛×的人，反而越拼？"他所说的"牛×"，特指天赋好。

这个问题问得好，因为他对因果关系把握得比较准。倘若是不小心问成"为什么越是努力的人越牛×"，就显得太平庸了。

确实，我们发现在很多领域里，天分比较高、能力比较强的人要比资质平庸的人更努力，也对自己所做的事情更有持久的激情。

可是，为什么呢？

　　我的答案是：刚开始的时候，大家都是一样努力，但差距逐渐出现了——天分好的人发现每拼一次，收获都很大，拼了果然有用，于是就更有信心、更有动力去拼；而天分差的人则发现，自己尽管努力地拼了却没什么效果，觉得拼有什么用，于是，信心受挫，倍感绝望，破罐子破摔。简言之，天分好的人之所以更努力，是因为他们从过去的努力中尝到了甜头，用现在一句时髦的话来说，是努力的"转化率"比较高。

　　不过，倘若"刚开始的时候，大家都是一样努力的"这个假设成立，则"天分越好的人越拼"这个命题便无意义了。换成"为什么天分越差的人反而越不努力"或许会更恰当一些。

　　学生时代，跟同学打牌，尽管我在大部分情况下都是赢的，可大家却一致嘲笑我笨，因为连我自己也承认，我的"赢多输少"主要是手气一直比较好，跟牌技无关。时间一久，我实在无法忍受被他们鄙视了，于是，每次打牌的时候都故意表现出一副心不在焉、漫不经心的样子。

　　按理说，水平差就应该更用心，但我为什么要这样呢？我是需要制造这样一种假象来安慰自己：我之所以经常出错牌，并不是因为水平差，而是因为我没把输赢这事放在心上，我不在乎。

这个理论体系建立起来没多久，跟一个同学打羽毛球，他也是一副心不在焉的样子，我打过去的球，他经常根本就不用心接。然后，我说："你之所以不用心，是因为你担心用心了照样打不赢。"不知我的小人之心有没有猜对，反正，他"哈哈哈"地大笑着承认了。

几年前，一个兄弟参加司法考试，只考了280分（满分600），可他并不觉得这个分数低，而是沾沾自喜地说："我是裸考的，你想想啊，我裸考都能考出这么个分数，要是稍微复习一下子，不就通过了吗？"

对于这种老谋深算的行径，我只能毒舌道："你并不是没时间复习什么，而是故意不复习。假如你认真复习了，且考试通过了，那是'理所当然'，你也不会觉得自己有多牛×；但如果认真复习了却没有通过，这不是打击自己的信心，也让别人怀疑你的能力吗？反而，你裸考一旦侥幸通过，就会飘飘然认为自己是个天才，自信心大增，可以对外炫耀；即使失败了，你还有一个安慰自己的理由，说那是态度不端正，而不是能力不足。"

在心思被我戳中之后，他很激动地说："看来，我又给你提供了一个写作素材。"

以上种种现象，我称之为"用态度的不端正来掩盖能力的不足"，而我们之所以要态度不端正，又是因为"心里没底"，预先就知道自己即使努力了也不会"成功"；既然努力了也不能成功，那就干脆不要努力了吧。

再往深挖，我们发现，这些"因为我天赋差，所以我不努力"的人，荣辱观都出了问题。在他们看来，如果"失败"的原因是天分不足，那这种"失败"是"可耻"的，而且只要失败是唯一结果，那铁定是"越努力越可耻"；相反，如果"失败"是由态度不端正造成的，那这种失败并"不可耻"，甚至还是光荣的（因为我用那样的态度取得这样的成绩已经相当不错了，如果态度真端正了，那一定牛×得不得了）。

不知上一段的观点在其他事情上是否成立，但至少在我迟迟泡不到妞这件事情上的确是这样，因为知道自己缺乏魅力，所以反而"更不努力"。

当然，"评委"的荣辱观也有问题。我们会"看不起"一个能力不足的人，但绝少看不起态度不端正的人；我们甚至崇拜这样的人有敢于态度不端正的魄力，崇拜他在如此差的态度下能取得这样成绩的能力——态度不端正本身可能就是一种能力。

于是，当事人就很容易有这样的心态：与其认真了然后得到失败的结果被人"瞧不起"，还不如从一开始就不认真呢。结果便是，通过不努力，他"成功地"抹掉了自己禀赋不行的"耻辱感"。

想必不少人看了上面几段后认为我的分析太变态吧，因为我们通常的思维方式是：一个人可以用良好的态度弥补（注意，前面的用词是"掩盖"，而这里是"弥补"）能力的不足，即使他不能因为态度好而"成功"，至少也能因为好的态度而博得旁观者的同情，因此这个"能力不足但态度很好的人"也不会被"看不起"。不是我思维变态，而是掩盖和弥补这两种现象常常都存在。

为表述方便，我把"用态度的不端正掩盖能力的不足"现象简称为"掩盖"，把"用良好的态度弥补能力的不足"简称为"弥补"。

通常是信心不足者（不仅仅是对能力的不自信，也有对可能获得的外部评价缺乏信心，对自己人际关系的不自信）更倾向于"掩盖"，信心十足者（不仅仅是对能力的自信，也有对可能获得的外部评价的信心，对自己人际关系的自信）更倾向于"弥补"。如果所处的外部环境更重视"能力评价"而轻视态度，我们更倾向于"掩盖"；如果所处的外部环境更"同情"态度良好的人，那么我们更倾向于"弥补"。

延伸到企业的管理中，"弥补"者的行为虽然能赢得一定的同情和尊重，但可能实际贡献并不大，因此应给予精神嘉奖，仅当其确实"成功"时，再进行物质奖励；"掩盖者"呢，如果不成功，应当给予精神处罚，即使"成功"了，也仅仅给予物质奖励，不应该有精神上的肯定。

言归正传。写完本文，我才恍然大悟，我们平时开玩笑所说的"以你的天分之差，还轮不到拼努力"，也可以做这样的解读。

比较抱歉的是，本文可能太过于负能量，如果被一些本来天分就比较差也不努力的人看到了，就更加有理由不努力了。那么，干脆就不努力好了。

最后，我们再来讨论一个问题：为什么最近两年负能量的段子特别受热捧？

对励志故事和浅层心灵鸡汤的极端厌恶，会使人走向另一个反面——我们把对"负能量"的喜爱，视为对励志故事的复仇，这其实是一种叛逆。但更重要的一点是，负能量段子的精

髓即"你无论怎么努力都没用"，让我们觉得自己的不得志是
"天命"，而不该归罪于自己。这样一来，尽管处境并没有改
善，但我们的痛感却减轻了。此外，由"无论怎么努力都没
用"还可以引申出"谁努力谁傻×"，这样一来，我们就让自
己的懒惰"合法化"了。

　　可以说，"负能量"其实是一种终极心灵鸡汤。

⚫ 赚钱时的精神状态，让人有了贵贱之分

我几乎常年不看电视，但自看到连续剧《温州两家人》的预告后，我便立刻将对此剧的观看列入备忘录。

之前的《温州一家人》，我是熬夜看完的。这次则不仅熬夜，而且还利用午休时间及上班期间的闲暇看了五六集。看了一遍又看一遍，大呼过瘾，还推荐给好几个朋友。

《温州一家人》讲的是第一代温商的故事，从20世纪70年代末开始，步步刺激，惊心动魄；而《温州两家人》基本上是第二代温商在中国加入WTO、在中国企业与国际市场接轨的

过程中的故事，印象最深的是温商联合起来对抗跨国资本的并购和2008年金融危机、2011年之后的光伏泡沫这几段故事。

在光伏泡沫导致企业资金链断裂、引发新一轮产业危机后，早已离婚的妻子在自己病情十分严重的情况下还拿出全部财产去帮前夫渡过难关、昔日的竞争对手不计前嫌出手相救，温州商人在危机面前的抱团取暖，让我忍不住数次动容落泪。

对比后发现，三代温商的区别还是蛮明显的：

以周万顺、四眼为代表的第一代温商，当初创业基本上是由于生活所迫，就是"为了钱"，理想的色彩比较淡，但他们在创业中表现出来的韧性和激情，则让他们物质追求同时也成了"精神生活"；

以侯三寿和黄瑞诚为代表的第二代温商，在文化素质、视野上都远远超过第一代，他们做事也更讲究谋略、战略，他们做企业，对金钱的需求下降，而理想和情怀的色彩更浓，但跟第一代温商一样，他们也往往会为了事业而牺牲掉个人生活方面的乐趣；

黄小威、刘灵子和侯小帆所代表的第三代温商，基本上是"85后"，与父辈相比，这批年轻的企业家，更会玩、更讲究生活的情趣和情调，他们也会努力地做事业，但事业已经不再是唯一的追求了。

当年看《温州一家人》时，本能地跟吴晓波的《激荡三十年》联系在一起；如今看《温州两家人》，则更容易跟《大败局》联系在一起。但看这些作品时都有一个共同的感觉：企业家要比跟他们同龄的其他人显得更有朝气、更有活力、更年轻。

用一个比较俗套的说法，企业家这个从事着"创造性破坏"的群体，要比其他同龄人更有激情，他们对未知的世界有着更强烈的好奇心，也有更强的冒险精神；甚至，别人所孜孜以求的"稳定"，对他们来说恰恰是一种难以忍受的压抑。

与受过良好教育、具有国际化视野的第二代和第三代温商相比，在感情上，我更钦佩周万顺那种农民企业家、那种"土包子"。（曾有人问，我这种毕业于国内名校的"高才生"是不是就一定瞧不起低学历的人，我的回答：百分之一万不是——我曾经伪装成一个中专生去泡妞，后来她知道我毕业于中国大学Top5后惊讶地问我："以前为什么要对我说自己是中专生？"我却说："为了骗取你的崇拜啊。"可见，在水平相等的情况下，我肯定是更崇拜学历低的那个。）

以前，我曾经狭隘地认为，把钱作为最重要的追求甚至唯一的追求，是很"低级"的，人总得读点书、懂点艺术，才算得上有精神生活，这样生命才是完整的；但以周万顺为代表的无数个农民企业家则刷新了我的偏见。

周万顺们身上体现出的那种朝气和持久的激情让人觉得，哪怕他们从来不读书、不看电影、对艺术一窍不通，哪怕金钱就是他们的唯一追求，他们的生命也照样是丰富的、有厚度的。

或许，他们的生活方式在外人看来显得很单调，但对于他们自身来说，却一点都不乏味，因为赚钱对于他们来说就是一种精神生活。

通常，我们认为，把所有的心思和精力都花在赚钱上是对生命的辜负，但是如果赚钱的方式是令自己快乐的、赚钱的过程能让人充满激情和活力呢？这个时候，赚钱就不能再被视为"物质欲"的体现了，相反，以充满激情的方式赚钱，这本身就是一种美好的人生体验，是一种难能可贵的精神生活。

因此，看一个人有没有精神生活，以及精神生活的质量，并不是看他做了多少看起来很文艺、很高雅的事，而是要看他在做这些事时的态度是积极的还是消极的，他所感受到的是乐趣还是负担。

比如，一个大学的博士生导师，哪怕他的学识很渊博，如果他并不喜欢教学工作，也不喜欢做学术研究，他就是没有精神生活的；一个媒体的记者，哪怕他是在一个看似很有文化的领域，哪怕他的专业水平还可以，但如果他在工作的时候总是拈轻怕重、牢骚满腹、毫无激情，那么他就是没有精神生活的。

相反，一个生产线上的工人，如果他发自内心地为自己的工作感到自豪，并且总是自发地琢磨着如何改进生产流程、提高效率，以期从工作中获得更多的成就感，那么，哪怕他的学历很低，哪怕他从来不读书，他也应该算是有丰富的精神生活的。（这并非空洞的假设，我在老东家的生产车间就碰到过这样的员工。）

职业不分贵贱，但人们在具体的职业中的心态，一定有贵贱之分。一个快乐的清洁工，也要比一个苦×的"知识分子"高贵得多。

通过观察，我总结出一个有意思的规律：那些以打工者的心态来赚钱的人，往往都是牢骚满腹、叫苦不迭，动辄抱怨赚钱的各种艰辛；而以老板的心态赚钱的人，则是再苦再累也在往前冲，尽管在有钱后他们也未必更幸福，但总体上，与前者相比，他们的确能从赚钱的过程中获得更多的乐趣和成就感。

朋友××自加入我的公众号做编辑后，喜欢尝试各种新花样，给我提了不少稀奇古怪的建议，虽然鉴于这个公众号的特点，很多方案我并未采纳，但我还是对她那些建议充满了浓厚的兴趣。我能付的薪水很低，但她却特别用心。因此，我多次对她说，你这不是以兼职员工的心态做事，你更像是一个合伙人或创始人。也正是这种"老板心态"，使得她在薪水并不高的情况下仍然能对这份工作充满热情。此前，我还跟她开玩笑说，你这么热爱做语音和编辑，我觉得给你付不付薪水都没关系。

"你这么热爱这份工作，不付你薪水也没关系""薪水低点也没关系"，这在当时虽为玩笑话，但其背后的逻辑则是经得起推敲的——当赚钱的过程同时也是一种精神生活的时候，我们对薪水的要求反而会降低。大学生的工资比农民工低，也遵循这个逻辑。（诚然，大部分大学生用来谋生的工作，并算不上是一种"精神生活"，但毕竟跟农民工相比，要好几十倍。）

精神生活与物质生活的统一，用冯仑的一句话来说就是"坚持理想，顺便赚钱"。

前段时间，一个即将研究生毕业的朋友，冒着拿不到硕士学位证的风险，论文还没写完，就跑到北京学自己热爱的越剧了。父母对她这种疯狂的举动当然无法理解，以各种方式来反对，劝说她"改邪归正"。

她找我求安慰，我对她说："如果你不愿意让父母来干涉你所追求的人生，那你就只有一条道路可走——让自己尽快强大起来，不再伸手向他们要钱。最好的一种结局是，即便拿不到毕业证也没关系，你也可以靠越剧来养活自己。"

但她回复给我的却是："我不想让越剧跟钱财沾上关系。就算有关系，那也是我为它投钱。"

如果这话出自一个不必为生计发愁的富二代之口，或者是已经实现财务自由的富一代之口，我会觉得十分正常，并且欣赏她的情怀；但如果出自一个暂时还无法养活自己的穷学生之口，我就只能认为她过于理想主义，不知天高地厚、不脚踏实地。她的这种不识时务，甚至还有点清高和装×的嫌疑。（我跟她关系特别好，并无恶意批判之意。）

当时，我就给她灌输了一下"坚持理想，顺便赚钱"的理念，说："你不必排斥靠越剧赚钱。如果你成了越剧明星了，能够靠越剧赚钱了，你父母就没有任何底气来反对你了。现在，他们反对你，并不是反对越剧，而是对你能力的不信任，因此，强迫你走一条最稳健但也可能是最平庸的正常道路。你要想让他们不反对你，就必须先证明他们对你的不信任是错的——最好的做法就是，在自己热爱的事业上闯出一番天地给他们瞧瞧。"

能通过自己热爱的事业来赚钱养活自己，这个赚钱的过程就是一种精神生活，并不丢人，没必要觉得不好意思。

为了对她进行更彻底的洗脑，我还对她讲了一段励志鸡汤：

当年，刚开始在人人网和博客上开始我的写作生涯的时候，我也没指望能靠写作来赚一分钱，但后来却很意外地凭此转行，到现在，收入比先前略高了一点点。

2015年刚开始做微信公众账号时，我并没有任何营利方面的考虑（不是不爱钱，而是没有商业头脑，缺乏这方面的意识），纯粹是为了"毁人三观"、往高层次带人、满足自己的虚荣心；另一方面，也是写给多年后的自己看，看看自己的思想变化。

但到现在，这个自媒体确实已经开始产生收入了，虽然不多，但对起先并无营利动机的我来说，已经算是惊喜。我并不讳言，如今每个月收到的一笔不菲的读者打赏，能让我有更强大的动力把它做好，以后，自媒体将成为我最主要的收入来源。

我并不是那种通过收入来获得成就感、拿金钱来衡量成功的人，但最近几个月，我还是忍不住"炫富"过几次：过不了多久，我每个月在自媒体上收到的读者打赏就可以超过一万元了，广告收入和版税另计。

之所以敢如此高调地"炫富"而不怕别人鄙视我，是因为我觉得自己做到了赚钱与追求理想的统一，自己赚钱的过程本身就是一种精神生活。

这样算是一种比较理想的状态了。